新型混沌及超混沌系统的
复杂动力学与控制分析

Complex Dynamics and Control Analysis of
New Chaotic and Hyperchaotic Systems

周艳　张伟　刘宇　著

化学工业出版社

·北京·

内容简介

本书基于非线性动力系统的理论与混沌控制方法，分析了几类具有不同非线性项及平衡点的高维（超）混沌系统。利用 Routh-Hurwitz 标准，得到系统的 Hopf 分岔条件；运用 Normal Form 理论计算分析得出系统分岔周期解的稳定性和 Hopf 分岔方向的显性公式；针对不同系统设计合适的状态反馈和参数控制的混合控制策略对系统进行混沌控制；通过 MATLAB 进行数值模拟，得到系统各类动力学响应，包括系统产生的双卷混沌吸引子现象。

本书着重分析各类动力学系统的非线性动力学响应与实际问题的结合，同时总结并拓展了国内外近期的研究成果，融入了作者的教学科研心得。

本书可供数学或力学等领域研究人员阅读使用，也可作为机械、土木、动力、自动控制等专业研究生的参考用书。

图书在版编目（CIP）数据

新型混沌及超混沌系统的复杂动力学与控制分析 / 周艳，张伟，刘宇著. -- 北京 : 化学工业出版社，2025. 7. -- ISBN 978-7-122-47999-0

Ⅰ. O322；O415.5

中国国家版本馆CIP数据核字第2025BE6613号

责任编辑：韩霄翠
文字编辑：李 欣　师明远
责任校对：边　涛
装帧设计：王晓宇

出版发行：化学工业出版社
　　　　　（北京市东城区青年湖南街 13 号　邮政编码 100011）
印　　装：北京捷迅佳彩印刷有限公司
710mm×1000mm　1/16　印张 11¾　字数 167 千字
2025 年 9 月北京第 1 版第 1 次印刷

购书咨询：010-64518888　　　　　　售后服务：010-64518899
网　　址：http://www.cip.com.cn
凡购买本书，如有缺损质量问题，本社销售中心负责调换。

定　　价：98.00元　　　　　　　　　版权所有　违者必究

　　非线性动力学作为一门基础科学具有十分复杂的动力学特性，非线性动力学中的混沌和超混沌理论在近几十年来成为非线性动力学方向的热点内容之一。在微分方程的应用研究领域中，许多问题的动力学模型都可采用高维非线性动力系统来描述，然而这些系统随着参数的变化将呈现复杂的非线性动力学行为，系统的稳态解也将产生 Hopf 分岔等局部动力学特性，以及混沌吸引子、拟周期吸引子、周期吸引子等全局动力学行为。

　　作为非线性确定系统的一种复杂运动现象，混沌运动可以在不添加任何随机因素的情形下产生类似随机的行为，是一种具有对初始值的敏感依赖性以及长期不可预测性的往复的非周期运动。许多学者们在动力系统的研究中发现，分岔经常会导致混沌，其中混沌吸引子更是研究工作的一个重要课题，而非线性动力系统可通过发生 Hopf 分岔 (拟周期分岔)，进一步演化为混沌系统。在混沌系统中，Lyapunov 指数若为正，在局部范围内系统的轨道是不稳定的，将发生指数形式的分离，而混沌吸引子又具有明显的有界性，即轨道只能在一个有限区域内反复折叠且互不相交，从而形成了混沌吸引子的特殊结构，混沌运动在经过无限次折叠后便有了无限层次的自相似结构的多叶层结构，称为奇怪吸引子，这也是混沌运动区别于随机运动的显著特征之一。

全书共分 8 章。第 1 章概述了本书的研究背景与意义，简要回顾了混沌、超混沌及混沌控制的发展历程，为后续研究奠定了理论基础，并阐述了混沌、超混沌和分岔理论的相关定义和判别方法。第 2 章分析了一类与大多数类 Lorenz 系统不同的新型三维自治系统，研究了此新型混沌系统的 Hopf 分岔与复杂动力学分析。在广义 Sprott C 系统的基础上，第 3 章和第 4 章分别介绍了新型 3D 类、新型 4D 类 Lorenz 混沌系统及控制策略，推导出了描述混沌系统的 Hopf 分岔周期解稳定性和 Hopf 分岔方向的公式，利用状态反馈和参数控制的混合控制策略对系统进行控制。第 5 章侧重于分析 4D 复杂超混沌系统和被动控制方案。第 6 章介绍了多项式微分动力系统的极限环分岔分析，使用一阶平均法分析了该系统从 Zero-Hopf 平衡点处分岔出小振幅极限环的充分条件，给出极限环的近似表达式和稳定性。作为非线性动力系统理论进一步在实际场景中的应用，第 7 章阐述了一个金融混沌系统的动力学分析及混沌控制，通过第一 Lyapunov 系数，得到了 Hopf 分岔的方向以及分岔出的极限环的稳定性，使用滑动模块控制方法消除了系统的混沌行为。第 8 章阐述了一个具有群体防御和收获效应捕食系统的动力学分析，利用微分动力系统的分岔理论证明了系统存在 Hopf 分岔，并给出了 Hopf 分岔的方向以及分岔极限环的稳定性，这些分岔行为的分析对于实际生态学的有益发展具有重要的理论意义和指导价值。

本书比较重视理论方法在实际场景中的应用。限于笔者学术水平及篇幅，有些论述可能不够严密和深入，对这些问题感兴趣的读者可以根据书后参考文献自行查阅。

诚恳地欢迎读者对本书的不足之处进行批评指正。

著者

2025 年 2 月

Contents 目录

第 **1** 章
绪论

非线性动力学作为一门基础科学，近几十年来逐渐崭露头角，非线性动力学中的混沌和超混沌理论在近几十年来成为非线性动力学方向的热点内容之一。特别地，在 20 世纪后半叶，非线性动力学的发展颇为迅速，混沌相关的研究是非线性动力科学的重要研究内容，被称为 20 世纪自然科学中的"第三次革命"[1, 2]，混沌及其相关研究让人们意识到了自然科学的不可预测性和复杂性。

E. N. Lorenz 在 1963 年刻画关于热对流不稳定性的时候发现第一个混沌吸引子[3]，之后混沌诸多领域不断进步[4-6]。Smale 等人提出的 21 世纪 18 个数学问题里，Lorenz 系统的研究是第 14 个[7]。非线性动力系统的相关研究不仅揭示了系统的各种运动状态之间的相互联系和转化，而且其结果对混沌影响深远。因此进一步研究混沌理论及应用，在现有混沌吸引子上产生新的混沌系统，深入研究其动力系统和拓扑结构是非常重要的。许多研究人员致力于寻找新的混沌吸引子系统，并发现了很多混沌系统，学者们也在积极地从理论方面分析这些系统的特征，以理解混沌的本质。比如 Chen 系统[8]、Lü 系统[9]、Liu 系统[10]、T 系统[11]，等等。与此同时，更多有意义的研究课题被人们讨论，比如混沌产生的原理是什么、混沌产生的分岔如何利用、非线性系统的平衡点与混沌现象的印证、混沌相关理论的工程应用，等等。这些研究课题对众多领域具有极为深远的理论价值，具有不可忽视的重要意义，故而，对混沌的实际应用和理论研究都是非常重要的。

随着对混沌现象研究的深入，人们开始探索更高维度的混沌系统，这就引出了超混沌。1979 年，O. E. Rossler 等人首次发现超混沌吸引子，揭示了超混沌的存在和性质，且得到了一个新型四维超混沌系统[12]。通过超混沌吸引子的相关理论，人们知道系统轨线在不止一个方向上发生分离，故超混沌系统的运动轨迹不仅具有混沌的不规则性和不可预测性，而且系统的多个状态变量之间也存在着复杂的相互作用和影响，导致系统的行为更加复杂和混乱。但与此同时，在高度复杂的实际应用场景中，超混沌展现出了更为广阔的应用前景。在此之后不断发现和研究的超混沌系统也有助于深入理解超混沌现象的性质和规律。通过对诸多超混沌系统的分析，人们揭示了超混沌现象的内在机制和行为特点，为掌握和利用超混沌提供了理论基础。超混沌系统的研究也促进了混沌理论的发展，推动了非线性科学的研究进程。通过对超混沌系统的研究，人们可以更好地理解非线性系统的复杂性和不确定性，为探索自然界的奥秘提供更多的思路和方法。

1.1
混沌和超混沌的发展

研究与系统复杂性相关问题的工作在非线性动力学领域是一个十分重要的课题，而混沌在研究系统有关复杂性的语言中是一个重要概念。基于混沌在自然界中的广泛存在，混沌的相关研究在现代动力系统学科中是权重最高的分支之一。混沌（chaos）可以简单地阐述为是一种在确定性动力系统中由于初始条件的细微变化极度敏感而导致的不可预测的动力学行为。这种动力学行为的独特之处在于，即便在完全确定的环境中，它也能展现出类似于随机的复杂性。

混沌科学的发展可以追溯到19世纪末到20世纪初，当时，数学家 J. H. Poincaré 在分析三体问题中碰到混沌现象。尽管 Poincaré 并未明确提出"混沌"这一概念，但他已经认识到，在确定性的动力学方程中，仍然可能产生明显的随机性结果，实际上这是一种保守系统中的混沌，这种认识为后来的混沌理论研究奠定了基础。得益于 Poincaré 的开创性工作，一大批学者在其相关领域的不断前行也为混沌相关理论的发展奠定了基础。20世纪60年代前后非线性科学混沌理论研究取得了两个里程碑式的突破。一个是研究保守系统的天体力学领域中 KAM 定理的得出与证明。在1954年数学家 Kolmogorov 在国际数学大会作了关于 Hamilton 函数的报告 [13]，在此基础上，1963年 Arnold 给出了其详细证明 [14]，瑞士数学家 Moser 对其进行了补充改进证明，三位学者共同发现、发展和完善了 KAM 定理。另一个重大突破发生在广泛普遍的耗散系统中，在1963年 Lorenz 发现了混沌现象，并发表《决定论非周期流》（"Deterministic non-periodic flow"）[3]，表明了长期的天气是不可能预测的，Lorenz 系统成为第一个混沌的数学物理模型。从此，许多学者加入了研究 Lorenz 系统的洪流中。20 世纪 60 年代，Smale 深受 Poincaré 研究思路的启发，从拓扑和几何的角度深入研究了微分方程，发表了 *Differentiable dynamical systems*[15]，提出了理论概念"Smale horseshoes"（斯梅尔马蹄）。这一创新性的研究为混沌理论的发展奠定了重要的基础。

1971 年，Rueller 和 Takens 引入了耗散系统的理论概念"stranger attractor"（奇异吸引子）[16]。1975 年，Li 与其导师 Yorke 揭示了有序到混沌的演变过程，第一次使用"chaos"表示混沌[17]。1977 年，首次举办的国际混沌会议宣告了混沌科学的诞生。

混沌理论体系中有一个特殊存在，即超混沌。1979 年，Rossler 发表关于非线性振动的报告[18]，首次阐述了超混沌的实例，并使用了"hyperchaos"这个词来描述超混沌。同年发表了新型超混沌系统[12]，即著名的 Rossler 系统。Güttinger 等人在《物理学中的结构稳定性》中表明[19]，高维非线性系统中的湍流，在诸多场合下涵盖多个方向的纵向不稳定性，即超混沌运动。

1985 年，Glendinning 和 Tresser 在研究同宿环和异宿环时，探索出一种实现超混沌的新方法[20]。1986 年，Matsumoto、Chua 以及 Kobayashi 首次在四阶电路中证实了超混沌现象的存在[21]。学者们通过运用多种方法构建了不同的超混沌系统。Pecora[22] 提出，高维超混沌系统比混沌系统更安全，因为其具有更高的维度，随机性增强，不可预知性更高。从实际应用和工程角度来看，超混沌系统应具有更高的复杂性[23]。一些学者成功构建了超混沌系统[24-26]。这些系统极大地拓宽了超混沌的研究范围，并提供了一些控制策略和研究方法。

进入 21 世纪，混沌与超混沌理论的研究仍在持续深入，它和其他学科的交叉融合与相互促进，使得这一理论在研究领域得到了广泛的应用与拓展。这些应用涵盖了数学、物理学、化学、电子学、生物学、信息科学、气象学等多个领域[27-29]。混沌和超混沌理论涉及的领域十分广泛，因此，对混沌和超混沌动力学进行深入的研究不仅具有深远的理论意义，同时也具备极高的应用价值。

1.2
混沌的相关理论概念和分析方法

1.2.1 混沌定义及基本特征

混沌是一种非线性确定动力系统所呈现出的具有随机性的运动形式。它指的是在确定性的非线性系统中，即使没有加入任何随机因素，也可以出现类似随机的内在随机性行为。混沌运动对初始条件具有极高的敏感性，同时具有内在的随机性和长期预测的不可能性。这种运动呈现出往复非周期性的特征，目前尚未有统一的数学定义。下面简单介绍一种常用的混沌定义，即 Li-Yorke 定义下的混沌[30]。

在 1975 年，Li 与 Yorke 对有序到混沌的演化过程进行了深入揭示。从区间映射的视角出发，为混沌现象提供了一种严谨的数学定义，从而更精确地描述了其本质。

Li-Yorke 混沌定义：在区间 $[a, b]$ 的连续自映射 $\varphi(x)$，满足如下条件，可知其有混沌现象：

（1）关于 $\varphi(x)$ 的周期点，其周期无上界；

（2）在区间 $[a, b]$ 中，存在一个不可数子集 I，其满足的条件为：

① 对满足任意 $x \in I$ 与 φ 的任何周期点 y，有

$$\limsup_{r \to \infty} \left| \varphi^r(x) - \varphi^r(y) \right| > 0$$

② 对任意 $x, y \in I$，有

$$\liminf_{r \to \infty} \left| \varphi^r(x) - \varphi^r(y) \right| = 0$$

③ 对任意 $x, y \in I$ 且 $x \neq y$，有

$$\limsup_{r \to \infty} \left| \varphi^r(x) - \varphi^r(y) \right| > 0$$

从定义的阐述可知，混沌是在有限约束的条件下从初始条件敏感

性、有界性和非周期性三个特点刻画的一种现象。简单地说，如果一个非线性系统表现出初始条件敏感性、有界性和非周期性这些行为特征，则可以判别此系统存在混沌。同时 Li-Yorke 定义展示了混沌行为存在可数无穷多条稳定周期轨、存在至少一条不稳定周期轨和存在无穷多条不可数的稳定非周期轨这三个典型特征。

Li-York 准确地定义了混沌系统的本质特征，但并未涉及非周期轨道的测度及稳定性[31]。在其之后，一些学者给出了不同角度的混沌定义，比如 Devaney 拓扑角度下的混沌[32]、Wiggins 意义下的混沌[6] 以及 Morotto 意义下的混沌等[33, 34]。

1.2.2　超混沌定义及基本特征

超混沌系统[35]，作为混沌系统的一个深化与拓展，目前尚未形成统一的定义。超混沌运动继承了混沌运动的所有基本特性和特征，更展现出一种更为复杂且丰富的非线性动力学行为，使得这一领域的研究充满挑战与机遇。

（1）超混沌信号的频谱也可以表示为一定频率范围内的连续频谱；

（2）在系统进行超混沌运动时，Poincaré 截面上呈现的也是一些混乱无序的点的集合；

（3）超混沌系统同样展现出对初始值极端敏感的特性，这种敏感性意味着，即便是微小的初始值变化，也可能导致超混沌系统的输出产生显著且巨大的差异；

（4）超混沌系统的维数是三维以上的分维数；

（5）超混沌运动的轨道在相空间的特定范围内具有全面覆盖的特性，即能够遍历该区域的各个角落；

（6）超混沌系统与混沌系统的核心差异在于，超混沌系统至少拥有两个大于零的 Lyapunov 指数，而这是目前用来判断一个系统是否为超混沌系统的唯一方法。

根据超混沌行为的以上特征，可以把混沌控制的方法与手段同样运用到超混沌的控制当中。此外，超混沌运动因具有比混沌运动更复杂的动力学行为，表现出更强的随机性和不确定性，这使得超混沌在生物、安全通信等领域中具备更为显著的优势。因此，超混沌不仅具有极高的研究价值，还展现出广阔的应用前景。

1.2.3 分岔与混沌的主要分析方法

接下来，简单介绍可用于非线性动力系统分析的分析方法及数值计算依据。

1.2.3.1 Lyapunov指数[36]

首先从一个最简单的线性常微分方程分析

$$\frac{\mathrm{d}y}{\mathrm{d}t} = \boldsymbol{\beta} y \tag{1.1}$$

一般说来，y 是矢量；$\boldsymbol{\beta}$ 是 Jacobian 矩阵，此方程的解为 $y = y_0 e^{\beta t}$。设两条初始时间点相邻的轨道对于一维线性系统 $\boldsymbol{\beta}$ 只是一个数，且具有以下性质：

若 $\boldsymbol{\beta} = 0$，则两条相邻轨道之间距离保持不变；

若 $\boldsymbol{\beta} < 0$，则两条相邻轨道距离在下一时间点以指数 $e^{|\beta|t}$ 缩小；

若 $\boldsymbol{\beta} > 0$，则两条相邻轨道距离在下一时间点以指数 $e^{\beta t}$ 分离。

对时间取长期平均，得到了下面的式子

$$\mathrm{LE} = \lim_{m \to \infty} \frac{1}{m} \sum_{n=0}^{m-1} \ln \left| \frac{\mathrm{d}\psi(y)}{\mathrm{d}y} \right|_{y=y_m} \tag{1.2}$$

式中，LE 代表 Lyapunov 指数。

一维的相关映射有且仅有一个 Lyapunov 指数，其稳定的不动点 $\mathrm{LE} < 0$。若为周期倍分岔点，则 $\mathrm{LE} = 0$。对稳定的周期 m，其为映射 $y = \psi^m(y)$ 的不动点，因此有 $\mathrm{LE} < 0$。若为混沌，考虑初始条件敏感性，则有 $\mathrm{LE} > 0$，意味着运动轨道的不稳定。如果轨道存在整体的稳定因素，则形成混沌吸引子。因此得出，超混沌系统 $\mathrm{LE} > 0$ 的至少有两个。

1.2.3.2 Routh-Hurwitz准则[37]

Routh-Hurwitz 准则是判别具有多个状态变量的非线性自治方程定点

稳定的一种手段，通过某些性质来判断特征值的实部是否为负。

设非线性动力学系统的方程为

$$\dot{\boldsymbol{p}} = \varphi(\boldsymbol{p}),\ \boldsymbol{p} \in \mathbb{R}^n \tag{1.3}$$

系统 (1.3) 在定态 $\boldsymbol{p}_{i0}$ $(i = 1,\ 2,\ \cdots,\ n)$ 邻域的线性化方程可以写作

$$\dot{\boldsymbol{q}} = \boldsymbol{A}(\boldsymbol{q}),\ \boldsymbol{q} \in \mathbb{R}^n \tag{1.4}$$

式中，$\boldsymbol{q}$ 是 n 列 $(1 \times n)$ 矢量；系数矩阵 $\boldsymbol{A}$ 如下

$$\boldsymbol{A} = \begin{pmatrix} a_{11} & a_{12} & \cdots & a_{1n} \\ a_{21} & a_{22} & \cdots & a_{2n} \\ \vdots & \vdots & \ddots & \vdots \\ a_{n1} & a_{n2} & \cdots & a_{nn} \end{pmatrix} \tag{1.5}$$

这里 $a_{ij} = \left(\dfrac{\partial \varphi_i}{\partial \boldsymbol{p}_j} \right)$。因此可得系数矩阵 $\boldsymbol{A}$ 的特征方程为

$$a_0 \lambda^n + a_1 \lambda^{n-1} + \cdots + a_{n-1} \lambda + a_n = 0 \tag{1.6}$$

选取 $a_0 > 0$，建立如下 n 阶行列式

$$\Delta_{ij} = \begin{vmatrix} a_1 & a_0 & 0 & \cdots & 0 \\ a_3 & a_2 & a_1 & \cdots & 0 \\ a_5 & a_4 & a_3 & \cdots & 0 \\ \cdots & \cdots & \cdots & \cdots & 0 \\ 0 & 0 & 0 & \cdots & a_n \end{vmatrix} \tag{1.7}$$

Routh-Hurwitz 判别方法：系数矩阵 $\boldsymbol{A}$ 所有特征值实部为负（即定点为渐近稳定）的充要条件是矩阵 Δ_{ij} 各阶主子式均大于零。

1.2.3.3　Hopf分岔理论

先来阐述二维 Hopf 分岔理论 [38]，给出如下一个平面系统

$$\begin{cases} \dot{p} = \phi(p,\ q,\ \delta) \\ \dot{q} = \psi(p,\ q,\ \delta) \end{cases} \tag{1.8}$$

Hopf 分岔定理：设 $E_\delta(p_\delta, q_\delta)$ 是系统对应的线性系统的中心型奇点，若 $\delta < 0 \; (>0)$，E_δ 是稳定（不稳定）的焦点；若 $\delta = 0$ 时，$E_\delta = E(0, 0)$ 是非线性动力系统的稳定（不稳定）的焦点；若 $\delta < 0 \; (>0)$，且 $|\delta|$ 充分小时，系统 E_δ 点附近至少存在一个不稳定（稳定）的极限环。

从而有以下关于 Hopf 分岔的方向和稳定性的结论。

设 $\phi(0, 0, \delta) = \psi(0, 0, \delta) = 0$，$\phi(p, q, \delta) \in C^4$，$\psi(p, q, \delta) \in C^4$，系统矩阵的特征根为 $\alpha(\delta) \pm \beta(\delta)\mathrm{i}$ 且 $\alpha(0) = 0$、$\beta(0) = \beta_0$、$\mathrm{d}(\delta) = \dfrac{\mathrm{d}\alpha(\delta)}{\mathrm{d}\delta}$，通过合适的线性变换，可得

$$\begin{cases} \dot{p} = \alpha(\delta)p - \beta(\delta)q + F(p, q, \delta) \\ \dot{q} = \alpha(\delta)q + \beta(\delta)p + G(p, q, \delta) \end{cases} \tag{1.9}$$

式中，F、G 为 p、q 的非线性项。

以及

$$c = \frac{1}{16\beta_0}\Big[F_{pp}\big(F_{pp} + F_{qq}\big) - G_{pp}\big(G_{pp} + G_{qq}\big) + F_{qq}G_{qq} - F_{pp}G_{pp} \Big]_{(0, 0)} +$$

$$\frac{1}{16}\big(F_{ppp} + F_{pqq} + G_{ppq} + G_{qqq} \big)_{(0, 0)} \tag{1.10}$$

通过表达式 (1.10)，可以判断经过线性变换后系统式 (1.8) 的极限环稳定性情况如下：

若 $c > 0$，则极限环是不稳定的；若 $c < 0$，则极限环稳定。具体情形可以分为如下几种情形：

（1）当 $c < 0$、$d > 0$、$\delta > 0$ 且充分小时，原点附近有渐近稳定的周期轨道产生，分岔为超临界分岔；

（2）当 $c < 0$、$d < 0$、$\delta < 0$ 且充分小时，原点附近有渐近稳定的周期轨道产生，分岔为亚临界分岔；

（3）当 $c > 0$、$d < 0$、$\delta > 0$ 且充分小时，原点附近有不稳定的周期轨道产生，分岔为超临界分岔；

（4）当 $c > 0$、$d > 0$、$\delta < 0$ 且充分小时，原点附近有不稳定的周期轨道产生，分岔为亚临界分岔。

1.3

混沌控制

  混沌控制旨在通过巧妙运用非线性系统的独特特性，采取多元化的策略、方法和途径，实现对所需动力学行为的精准获取。这一过程不仅为众多领域提供了实用的应用原理和方法，还奠定了坚实的技术基础。混沌控制的历史发展可以追溯到 1987 年，Hubler 等人提出了控制混沌的思想，并在一个力学摆的运动过程中成功应用了这一思想进行演示[39]。两年后，Hubler 发表了第一篇关于混沌控制的文章[40]。美国马里兰大学的 Ott、Grebogi 和 Yorke 也受到 Hubler 等人成果的启发得到了一种闻名于整个混沌领域的 OGY 方法[41]。与此同时，Pecora 和 Carroll 揭示了混沌同步现象[42]。也是同年，Ditto 等人运用 OGY 法实现了对不动点的稳定控制。1998 年，陈关荣提出了混沌的反控制[43]。

  非线性系统的混沌控制的核心目标是：通过采用适当的策略和方法，控制混沌运动，使其达到人们所需的动力学行为，以确保系统的稳定性和正常运行。简单地说，当混沌行为对系统有害时，通过合适的控制来抑制或消除混沌。当混沌行为对系统有利时，通过合适的控制产生或维持所需的混沌状态。许多学者[44, 45]针对表现出 Hopf 分岔现象的非线性动力系统进行了控制问题的研究。考虑混沌反控制问题，陈关荣对混沌控制的研究做了进一步的丰富[43]。Fang 和 Jiang[46]在 2009 年研究了一种新的具有离散和分布式延迟的调节逻辑增长的稳定性和 Hopf 分岔。Liu 和 Cui 等人[47, 48]在 Langford 系统的基础上，通过非线性控制，得到了新型的混沌系统，并且研究了该系统中由 Hopf 分岔产生的周期轨。Tiba 和 Araujo[49]对混沌系统中产生的 Hopf 分岔周期轨进行了研究，并提出了合适的控制方式。

  迄今为止，针对不同的控制目标已经发展了许多控制方法和策略。这些方法大致可以分成反馈控制、非反馈控制。在混沌控制中，反馈控制被用来抑制或调整混沌系统的演化，以实现特定的控制目标。反馈控制本质为受控系统轨道方面的局部稳定性问题。基于稳定性理论的控制方法，是通过分析混沌系统稳定方面的特性，来设计适当的反馈控制策略，从而使系统在满足某些条件下进入稳定的周期轨道或者达到特定的稳定状态。比如OGY控制方法、线性反馈控制法、连续反馈控制法、偶然正比反馈技术、定点注入法等。非反馈控制本质特点是控制信号独立于系统变量实时变化，从而无需持续采样和响应系统变量数据。如参数共振法和自适应控制法等都是典型代表。近年来，混沌控制研究急剧发展，取得了丰富的成果。混沌控制为混沌的应用提供了关键的途径和方法，也推动了混沌理论的多方向扩展。超混沌拥有更加繁杂的特性，实际应用的价值也更高。为了对超混沌进行有效的控制，人们从混沌控制的研究出发，不断将控制方法拓展到超混沌控制上。

参考文献

[1] Ford J. Chaos: Solving the Unsolvable, Predicting the Unpredictable//Chaotic Dynamic and Fractal. New York: Academic Press, 1985: 1-135.

[2] 郝柏林. 分岔、混沌、奇怪吸引子、湍流及其他. 物理学进展, 1983, 3(3): 329-416.

[3] Lorenz E N. Deterministic non-periodic flow. Journal of the Atmospheric Sciences, 1963, 20(2): 130-141.

[4] Hirsch M W, Smale S, Devaney R L. Differential Equations, Dynamical Systems, and an Introduction to Chaos. New York: Elsevier Academic Press, 2007.

[5] Shil'nikov L P, Shil'nikov A L, Turaev D V, et al. Methods of Qualitative Theory in Nonlinear Dynamics. Singapore: World Scientific, 2001.

[6] Wiggins S. Introduction to Applied Nonlinear Dynamical Systems and Chaos. Second Edit. New York: Springer-Verlag, 1990: 608-615.

[7] Smale S. Mathematical problems for the next century. Mathematical intelligencer, 1998, 20(2): 7-15.

[8] Chen G R, Ueta T. Yet another chaotic attractor. Journal of Bifurcation and chaos, 1999, 9(7): 1465-1466.

[9] Lü J, Chen G R, Zhang S. Dynamical analysis of a new chaotic attractor. International Journal of Bifurcation and chaos, 2002, 12(5): 1001-1015.

[10] Zhou X, Wu Y, Li Y, et al. Hopf bifurcation analysis of the Liu system. Chaos, Solitons & Fractals, 2008, 36(5): 1385-1391.

[11] Van Gorder R A, Choudhury S R. Analytical Hopf bifurcation and stability analysis of T system. Communications in Theoretical Physics, 2011, 55(4): 609.

[12] Rossler O E. An equation for hyperchaos. Physics Letters A, 1979, 71(2-3): 155-157.

[13] Kolmogorov A N. On conservation of conditionally periodic motions for a small

change in Hamilton's function. Doklady Akademii Nauk Sssr, 1954, 98: 527-530.

[14] Arnold V I. Proof of A.N. Kolmogorov's theorem on the conservation of conditionally periodic motions with a small variation in the Hamiltonian. Russian Mathematical Surveys, 1963, 18(9): 13-40.

[15] Smale S. Differentiable dynamical systems. Bulletin of the American Mathematical Society, 1967, 73(6): 747-817.

[16] Ruelle D, Takens F. On the nature of turbulence. Communications in Mathematical Physics, 1971, 20: 167-192.

[17] Li T Y, Yorke J A. Period three implies chaos. American Mathematical Monthly, 1975, 8(10): 985-992.

[18] Rossler O E. Chaotic oscillations-an example of hyperchaos, in: Nonlinear oscillations in biology. Lectures in Applied Mathematics, 1979: 17.

[19] Güttinger W, Eikemeier H. Structural Stability in Physics. Berlin: Springer, 1979.

[20] Glendinning P, Tresser C. Heteroclinic loops leading to hyperchaos. Journal de Physique Lettres, 1985, 46(8): 347-352.

[21] Matsumoto T, Chua L O, Kobayashi K. Hyper chaos: Laboratory experiment and numerical confirmation. IEEE Transactions on Circuits and Systems, 1986, 33(11): 1143-1147.

[22] Pecora L. Hyperchaos harnessed. Physics World, 1996, 9(5): 17.

[23] Ayub J, Aqeel M, Abbasi J N, et al. Switching of behavior: From hyperchaotic to controlled magnetoconvection model. AIP Advances, 2019, 9(12): 125235.

[24] Al-hayali M A, Al-Azzawi F S. A 4D hyperchaotic Sprott S system with multistability and hidden attractors. Journal of Physics: Conference Series. IOP Publishing, 2021, 1879(3): 032031.

[25] Dong C, Wang J. Hidden and coexisting attractors in a novel 4D hyperchaotic system with no equilibrium point. Fractal and Fractional, 2022, 6(6): 306.

[26] Yu F, Qian S, Chen X, et al. A new 4D four-wing memristive hyperchaotic system: Dynamical analysis, electronic circuit design, shape synchronization and secure communication. International Journal of Bifurcation and Chaos, 2020, 30(10): 2050147.

[27] Bian Y Y, Yu W X. A secure communication method based on 6-D hyperchaos and circuit implementation. Telecommunication Systems, 2021, 77(4): 731-751.

[28] Rech P C. Hyperchaos and multistability in a four-dimensional financial mathematical model. Journal of Applied Nonlinear Dynamics, 2021, 10(2): 211-218.

[29] Li X, Rao R, Zhong S, et al. Impulsive control and synchronization for fractional-order hyper-chaotic financial system. Mathematics, 2022, 10(15): 2737.

[30] Aulbach B, Kieninger B. On three definitions of chaos[J]. Nonlinear Dynamics and Systems Theory, 2001, 1(1): 23-37.

[31] 张化光，王智良，黄玮. 混沌系统的控制论. 沈阳：东北大学出版社，2003.

[32] Devaney R L. An introduction to Chaotic Dynamical Systems. Mento Park, CA:

Addison-Wesley, 1990: 49-53.

[33] Morotto F R. Snap-back repellers imply chaos in $\mathbb{R}^n$. Journal of Mathematical Analysis and Applications, 1978, 63: 199-223.

[34] Marotto F R. On redefining a snap-back repeller. Chaos, Solitons & Fractals, 2005, 25(1): 25-28.

[35] 牛弘. 混沌及超混沌系统的分析、控制、同步与电路实现. 天津：天津大学, 2015.

[36] 唐洁. 超混沌系统设计及其性能分析 [D]. 南京：南京航空航天大学, 2007.

[37] 李瑞红. 非线性混沌系统的反馈与非反馈控制 [D]. 西安：西北工业大学, 2006.

[38] 陈予恕, 唐云. 非线性动力学中的现代分析方法. 北京：科学出版社, 1992: 10-200.

[39] Kolmogorov A N. The general theory of dynamical systems and classical mechanics. International Congress of Mathematicians, 1954, 1: 315-333.

[40] Hubler A W. Adaptive control of chaotic system. Helvetica Physica Acta, 1989, 62(1): 343-346.

[41] Ott E, Grebogi C, Yorke J A. Controlling chaos. Physical Review Letters, 1990, 64(11): 1196-1199.

[42] Pecora L M, Carroll T L. Synchronization in chaotic systems. Physical Review Letters, 1990, 64(8): 821-824.

[43] 陈关荣. 混沌控制和反控制. 广西师范大学学报 (自然科学版), 2002, 20(1): 1-5.

[44] Hassard B D, Kazarinoff N D, Wan Y H. Theory and applications of Hopf bifurcation. Cambridge: Cambridge University Press, 1981.

[45] Kim D, Chang P H. A new butterfly-shaped chaotic attractor. Results in Physics, 2013, 3: 14-19.

[46] Fang S L, Jiang M H. Stability and Hopf bifurcation for a regulated logistic growth model with discrete and distributed delays. Communications in Nonlinear Science and Numerical Simulation, 2009, 14(12): 4292-4303.

[47] Liu S H, Tang J S, Qin J Q, et al. Bifurcation analysis and control of periodic solutions changing into invariant tori in Langford system. Chinese Physcis B, 2008, 17(5): 1691-1697.

[48] Cui Y, Liu S H, Tang J S, et al. Amplitude control of limit cycles in Langford system. Chaos, Solitons & Fractals, 42(1): 335-340.

[49] Tiba A K, Araujo A F. Control strategies for Hopf bifurcation in a chaotic associative memory. Neurocomputing, 2019, 323: 157-174.

第 **2** 章
新型混沌系统的 Hopf 分岔与复杂动力学分析

2.1
Hopf 分岔的局部稳定性和存在性

美国著名气象学家 E. N. Lorenz，在 1963 年刻画关于热对流不稳定性的时候发现了第一个混沌吸引子系统，对混沌领域的发展作出了突出贡献，这个系统也被命名为 Lorenz 系统[1]，更多的研究显示此类系统在不同情形中存在混沌吸引子[2-9]，某些系统中还发现了 Hopf 分岔现象。Graca 等人[10] 证明了几何 Lorenz 吸引子是可计算的，并给出了它们的物理测度。He 等人[11] 以 Lorenz 模型为预报方程，初步研究了 Lorenz 系统的可预报性问题，并讨论了高斯白噪声对系统可预报性的影响。Vijayalakshmi 等人[12] 研究了 Lorenz、修正 Lorenz 系统和 Chen 系统的 Lagrange 函数的公式，以及各个系统相关的守恒量的估计。Lainscsek[13] 详细分析了类 Lorenz 系统的动力学特性及其分类情形。Kim 和 Chang[14] 研究了由六个项组成的类 Lorenz 系统，并给出了新混沌吸引子复合结构的形成机制。Charó 等人[15] 通过推导显式状态变换公式来证明 GLS 和 GLCF 之间以及 HGLS 和 HGLCF 之间的等价性，从而完成了对广义 Lorenz 系统（GLS）和双曲广义 Lorenz 系统（HGLS）及其规范形式（GLCF、HGLCF）的描述，给出了广义 Lorenz 正则系统和形式的完整公式及其双曲设置。Celikovsky 和 Chen[16] 通过推导显式状态变换公式完成了对广义 Lorenz 系统（GLS）和双曲广义 Lorenz 系统（HGLS）及其规范形式的描述。Jin 等人[17] 研究了复简化 Lorenz 系统，通过理论分析和数值模拟研究了所提出系统的动力学，发现此系统具有非平凡的循环平衡，以及无穷多吸引子的共存，即极端多稳态。

Letellier 等人[18] 提出了类 Lorenz 系统和类 Lorenz 吸引子的定义。前者的定义基于控制方程的代数结构，而后者则依赖于拓扑特征。Ahmadi 等人[19] 改进了经典的 Lorenz 模型，综合考察了能量耗散和平衡点。这种改进的 Lorenz 系统可以通过改变其初始条件来证明多种共存吸引子，因此是一个多稳定系统。此外，他们还研究了改进系统的吸引盆，这证实了该系统中共存吸引子的出现。Liu 和 Yang[20] 致力于为新的类 Lorenz 混沌系统提供新的见解，考虑参数在参数空间中的变化，分析了局部动力学实体，如平衡点的数量、Hopf 分岔和局部流形特征获得的非双曲平衡点稳定性，还严格研究了系统同宿轨道和异宿轨道的存在性。Sprott 详细分析了存在一个不稳定平衡点的 Sprott 系统[21, 22]。Yang 等人[23] 和 Qiao 等人[24] 发现了具有两个稳定平衡点的混沌数学模型，系统存在一个双卷混沌吸引子。

在刘宇等人[25] 研究的基础上，本章对此系统做了推进研究工作，基于新型的 3D 混沌系统得到其 Jacobian 矩阵和特征方程，运用 Routh-Hurwitz 准则，分析系统平衡态的局部稳定性，得到了系统的平衡点和 Hopf 分岔的存在条件；并引入线性变换，借助于 Normal Form 理论获得了系统分岔周期解的稳定性和 Hopf 分岔方向；最后利用 MATLAB 进行数值模拟，得到了系统的分岔响应行为[26]。

2.2
系统描述

新型类 Lorenz 混沌系统模型为[27]

$$\begin{cases} \dot{x} = a(y-x) \\ \dot{y} = -cy - xz \\ \dot{z} = -b + xy + ex^2 \end{cases} \tag{2.1}$$

从这个系统中可以看出，这是一个有七个项的三维自治系统。其中，x、y、z 为状态变量；a、b、c、e 为系统参数 $(b, c \in \mathbb{R})$；代数项包含三个二次项。

2.2.1 系统的平衡点及其稳定性

根据参数 b 取值范围，可以发现，系统 (2.1) 可能存在的平衡点情形如下：

（1）当 $b < 0$ 时，系统没有平衡点；

（2）当 $b = 0$ 时，系统只有一个平衡点 $(0, 0, z)$，其中 z 为任意实数，此点是系统的非孤立平衡点，此外还有一个初值的解沿着 z 轴延伸到无穷远处；

（3）当 $b > 0$ 时，系统有两个平衡点，分别为

$$E_1\left(\sqrt{\frac{b}{e+1}}, \sqrt{\frac{b}{e+1}}, -c\right), \quad E_2\left(-\sqrt{\frac{b}{e+1}}, -\sqrt{\frac{b}{e+1}}, -c\right)$$

由于系统在变换 $S(x, y, z) \to (-x, -y, z)$ 中有明显的对称性，即关于 z 轴的反射，下面只考虑采用平衡点 E_1 进行计算。

系统 (2.1) 在平衡点 E_1 处的 Jacobian 矩阵为

$$\boldsymbol{J}(E_1) = \begin{pmatrix} -a & a & 0 \\ c & -c & -\sqrt{\dfrac{b}{e+1}} \\ (2e+1)\sqrt{\dfrac{b}{e+1}} & \sqrt{\dfrac{b}{e+1}} & 0 \end{pmatrix} \tag{2.2}$$

特征方程为

$$f(\lambda) = \lambda^3 + (a+c)\lambda^2 + \frac{b}{e+1}\lambda + 2ab = 0 \tag{2.3}$$

根据 Routh-Hurwitz 准则 [28]，令

$$f(\lambda) = P_0\lambda^3 + P_1\lambda^2 + P_2\lambda + P_3 = 0 \tag{2.4}$$

故 $P_0 = 1$，$P_1 = a + c$，$P_2 = \dfrac{b}{e+1}$，$P_3 = 2ab$。

将以上获得的取值代入以下行列式

$$D = \begin{vmatrix} P_1 & P_3 & 0 \\ P_0 & P_2 & 0 \\ 0 & P_1 & P_3 \end{vmatrix} = \begin{vmatrix} a+c & 2ab & 0 \\ 1 & \dfrac{b}{e+1} & 0 \\ 0 & a+c & 2ab \end{vmatrix} \tag{2.5}$$

经一系列非线性分析，可以得知系统 (2.1) 所有特征值的实部为负

的充要条件是以下不等式成立

$$D_1 = P_1 = a + c > 0 \tag{2.6}$$

$$D_2 = \begin{vmatrix} P_1 & P_3 \\ P_0 & P_2 \end{vmatrix} = P_1 P_2 - P_0 P_3 > 0 \tag{2.7}$$

$$D_3 = D = P_3 D_2 = 2abD_2 > 0 \tag{2.8}$$

由式 (2.6) ～式 (2.8) 可得

$$b > 0,\ a + c > 0,\ c - a(2e+1) > 0 \tag{2.9}$$

此新型类 Lorenz 系统 (2.1) 的两个平衡点 E_1、E_2 具有以下特点：

（1）当 $c > a(2e+1)$ 时，平衡点是稳定的；

（2）当 $c < a(2e+1)$ 时，平衡点是不稳定的。

通过上述数值计算，可以获得，当 $c = a(2e+1)$ 时，系统 (2.1) 会发生分岔，由非线性奇异性理论可知，此时 $c_0 = a(2e+1)$ 为系统 (2.1) 的分岔临界值。

2.2.2　Hopf 分岔的存在性分析

对于此新型类 Lorenz 系统 (2.1) 的平衡点 E_1、E_2 来说，当 $c = c_0$ 时，容易得出其特征方程有一对纯虚共轭根与一个实数根

$$\lambda_{1,2} = \pm\omega_0 \mathrm{i},\ \lambda_3 = \lambda_0,\ \omega_0 \in \mathbb{R}^+ \tag{2.10}$$

特征方程可以为

$$f(\lambda) = \lambda^3 - \lambda_0\lambda^2 + \omega_0^2\lambda - \lambda_0\omega_0^2 = 0 \tag{2.11}$$

将上式系数与特征方程 (2.3) 一一对应可以获得方程的特征根分别为

$$\lambda_{1,2} = \pm\sqrt{\frac{b}{e+1}}\mathrm{i},\ \lambda_3 = -a - c \tag{2.12}$$

对特征方程 (2.3) 关于参数 c 求导得

$$\lambda'(c) = \frac{\mathrm{d}\lambda}{\mathrm{d}c} = \frac{-\lambda^2}{3\lambda^2 + 2(a+c)\lambda + \dfrac{b}{e+1}} \qquad (2.13)$$

将分岔值与特征值代入式 (2.13)，即

$$\alpha'(0) = \mathrm{Re}\left[\lambda'(c_0)\right] = -\frac{b}{2b + 8a^2(e+1)^3} < 0 \qquad (2.14)$$

$$\omega'(0) = \mathrm{Im}\left[\lambda'(c_0)\right] = -\frac{2a(e+1)\sqrt{b(e+1)}}{2b + 8a^2(e+1)^3} \neq 0 \qquad (2.15)$$

根据 Hopf 分岔理论知 c_0 为系统 (2.1) 的 Hopf 分岔临界值。当 $c = c_0$ 时，系统 (2.1) 在平衡点 $E_1\left(\sqrt{\dfrac{b}{e+1}}, \sqrt{\dfrac{b}{e+1}}, -c\right)$ 处发生了 Hopf 分岔。因此对于此新型类 Lorenz 系统 (2.1) 而言存在 Hopf 分岔。当系统发生 Hopf 分岔时，系统的稳定性会发生变化，从稳定状态转变为振荡状态。这种振荡状态可能会进一步演化成为混沌状态。

2.3
分岔周期解的显性公式求解

本节将利用 Normal Form 理论[18]来研究 Hopf 分岔周期解的方向与稳定性。由于平衡点 E_1 和 E_2 关于 z 轴对称，分析其一即可。

首先，将此新型类 Lorenz 系统从平衡点 $E_1\left(\sqrt{\dfrac{b}{e+1}}, \sqrt{\dfrac{b}{e+1}}, -c\right)$ 转换到原点 $(0, 0, 0)$ 处，并进行如下的线性变换

$$\begin{cases} x_1 = x - \sqrt{\dfrac{b}{e+1}} \\ y_1 = y - \sqrt{\dfrac{b}{e+1}} \\ z_1 = z + c \end{cases} \qquad (2.16)$$

将式 (2.16) 代入系统 (2.1) 中计算可得，新型类 Lorenz 系统 (2.1) 转化为如下形式

$$\begin{cases} \dot{x}_1 = a(y_1 - x_1) \\ \dot{y}_1 = -x_1 z_1 - c y_1 - \sqrt{\dfrac{b}{e+1}} z_1 + c x_1 \\ \dot{z}_1 = e x_1^2 + (2e+1)\sqrt{\dfrac{b}{e+1}} x_1 + \sqrt{\dfrac{b}{e+1}} y_1 + x_1 y_1 \end{cases} \quad (2.17)$$

经过线性变换后，系统 (2.17) 的特征方程为

$$f_1(\lambda) = \lambda^3 + (a+c)\lambda^2 + \frac{b}{e+1}\lambda + 2ac\lambda + (a+c)\frac{b}{e+1} = 0 \quad (2.18)$$

当 $c = c_0$ 时，我们可以得到上述特征方程的特征根分别为

$$\lambda_{1,2} = \pm\sqrt{\frac{b}{e+1}}\,\mathrm{i}\,, \quad \lambda_3 = -a-c \quad (2.19)$$

从而有，$\lambda_1 = \sqrt{\dfrac{b}{e+1}}\,\mathrm{i}$ 对应的特征向量为

$$\boldsymbol{v}_1 = \begin{pmatrix} 1 \\ 1 + \dfrac{1}{a}\sqrt{\dfrac{b}{e+1}}\,\mathrm{i} \\ \dfrac{1}{a}\sqrt{\dfrac{b}{e+1}} - 2(e+1)\mathrm{i} \end{pmatrix} \quad (2.20)$$

$\lambda_3 = -a-c$ 对应的特征向量为

$$\boldsymbol{v}_3 = \begin{pmatrix} 1 \\ -(2e+1) \\ 0 \end{pmatrix} \quad (2.21)$$

令矩阵

$$\boldsymbol{P} = (\mathrm{Re}\,\boldsymbol{v}_1,\ -\mathrm{Im}\,\boldsymbol{v}_1,\ \boldsymbol{v}_3) = \begin{pmatrix} 1 & 0 & 1 \\ 1 & -\dfrac{1}{a}\sqrt{\dfrac{b}{e+1}} & -(2e+1) \\ \dfrac{1}{a}\sqrt{\dfrac{b}{e+1}} & 2(e+1) & 0 \end{pmatrix} \quad (2.22)$$

对系统 (2.17) 再作下列变换

$$\begin{pmatrix} x_1 \\ y_1 \\ z_1 \end{pmatrix} = \boldsymbol{P} \begin{pmatrix} x_2 \\ y_2 \\ z_2 \end{pmatrix} \tag{2.23}$$

可得新的系统表达式为

$$\begin{cases} \dot{x}_2 = -\sqrt{\dfrac{b}{e+1}}\, y_2 + F_1\left(x_2,\, y_2,\, z_2\right) \\[3mm] \dot{y}_2 = \sqrt{\dfrac{b}{e+1}}\, x_2 + F_2\left(x_2,\, y_2,\, z_2\right) \\[3mm] \dot{z}_2 = -\left(a+c\right)z_2 + F_3\left(x_2,\, y_2,\, z_2\right) \end{cases} \tag{2.24}$$

其中，

$$F_1\left(x_2,\, y_2,\, z_2\right) = -\frac{k}{2a}\sqrt{\frac{b}{e+1}}\, x_2^2 - \frac{k}{2a}\sqrt{\frac{b}{e+1}}\, z_2^2 - \frac{k}{a}\sqrt{\frac{b}{e+1}}\, x_2 z_2 - x_2 y_2 - y_2 z_2 \tag{2.25}$$

$$F_2\left(x_2,\, y_2,\, z_2\right) = \left[\frac{kb}{4a^2\left(e+1\right)^2} + \frac{1}{2}\right]x_2^2 + \left[\frac{kb}{4a^2\left(e+1\right)^2} - \frac{1}{2}\right]z_2^2 + \frac{kb}{2a^2\left(e+1\right)^2}\, x_2 z_2 \tag{2.26}$$

$$F_3\left(x_2,\, y_2,\, z_2\right) = -\frac{k}{2a}\sqrt{\frac{b}{e+1}}\, x_2^2 + \frac{k}{2a}\sqrt{\frac{b}{e+1}}\, z_2^2 - \frac{k}{a}\sqrt{\frac{b}{e+1}}\, x_2 z_2 + x_2 y_2 + y_2 z_2 \tag{2.27}$$

$$k = \frac{2a^2\left(e+1\right)^2}{4a^2\left(e+1\right)^3 + b} \tag{2.28}$$

在分岔值 $c = c_0$ 和 $\left(x_2,\, y_2,\, z_2\right) = (0,\, 0,\, 0)$ 处计算以下各式

$$g_{11} = -\frac{k}{4a}\sqrt{\frac{b}{e+1}} + \frac{\mathrm{i}}{4}\left[\frac{kb}{2a^2\left(e+1\right)^2} + 1\right] \tag{2.29}$$

$$g_{02} = -\frac{k}{4a}\sqrt{\frac{b}{e+1}} + \frac{\mathrm{i}}{4}\left[\frac{kb}{2a^2\left(e+1\right)^2} - 1\right] \tag{2.30}$$

$$g_{20} = -\frac{k}{4a}\sqrt{\frac{b}{e+1}} + \frac{\mathrm{i}}{4}\left[\frac{kb}{2a^2(e+1)^2} + 3\right] \tag{2.31}$$

$$G_{21} = 0 \tag{2.32}$$

还可以得到如下方程式

$$h_{11} = -\frac{k}{4a}\sqrt{\frac{b}{e+1}} , \quad h_{20} = -\frac{k}{4a}\sqrt{\frac{b}{e+1}} - \frac{\mathrm{i}}{2} \tag{2.33}$$

从而有

$$\lambda_3 w_{11} = -h_{11} , \quad (\lambda_3 - 2\mathrm{i}\omega_0 I)w_{20} = -h_{20} \tag{2.34}$$

其中，

$$w_{11} = -\frac{k}{8a^2(e+1)}\sqrt{\frac{b}{e+1}} \tag{2.35}$$

$$w_{20} = -\frac{k(e+1)^2 + 2(e+1)}{8a^2(e+1)^3 + 8b}\sqrt{\frac{b}{e+1}} + \mathrm{i}\frac{kb - 2a^2(e+1)^2}{8a^3(e+1)^3 + 8ab} \tag{2.36}$$

又由

$$G_{110} = -\frac{k}{2a}\sqrt{\frac{b}{e+1}} + \frac{\mathrm{i}}{2}\left[\frac{kb}{2a^2(e+1)^2} + 1\right] \tag{2.37}$$

$$G_{101} = -\frac{k}{2a}\sqrt{\frac{b}{e+1}} + \frac{\mathrm{i}}{2}\left[\frac{kb}{2a^2(e+1)^2} - 1\right] \tag{2.38}$$

可得

$$g_{21} = G_{21} + (2G_{110}w_{11} + G_{101}w_{20})$$

$$= \frac{1}{32a^3(e+1)^2\left[a^2(e+1)^3 + b\right]} \times \left[-4a^4(e+1)^4 + 10k^2a^2b(e+1)^3 + \right.$$

$$\left. 8ka^2b(e+1)^2 + 7k^2b^2\right] + \frac{\mathrm{i}\sqrt{\dfrac{b}{e+1}}}{32a^4(e+1)^3\left[a^2(e+1)^3 + b\right]} \times [-2ka^4(e+1)^5 +$$

$$4a^4(e+1)^4 - 7k^2a^2b(e+1)^3 - 10ka^2b(e+1)^2 - 4k^2b^2\Big] \tag{2.39}$$

根据上述的分析，可以计算出以下的量

$$C_1(0) = \frac{\mathrm{i}}{2\omega_0}\left(g_{20}g_{11} - 2|g_{11}|^2 - \frac{1}{3}|g_{02}|^2\right) + \frac{1}{2}g_{21}$$

$$= \frac{1}{64a^3(e+1)^2\left[a^2(e+1)^3 + b\right]} \times \left[9k^2b^2 + 256ka^5(e+1)^5 - 4a^4(e+1)^4 + \right.$$

$$\left. 12k^2a^2b(e+1)^3 + 8ka^2b(e+1)^2(8-256a)\right] + \frac{\mathrm{i}\sqrt{\dfrac{b}{e+1}}}{192a^4b(e+1)^3\left[a^2(e+1)^3 + b\right]} \times$$

$$\left[-32a^6(e+1)^7 - 8k^2a^4b(e+1)^6 - 28ka^4b(e+1)^5 - 20a^4b(e+1)^4 - \right.$$

$$\left. 34k^2a^2b^2(e+1)^3 - 42ka^2b^2(e+1)^2 - 17k^2b^3\right] \tag{2.40}$$

由此得到

$$\mu_2 = -\frac{\mathrm{Re}\left[C_1(0)\right]}{\alpha'(0)}, \quad \beta_2 = 2\mathrm{Re}\left[C_1(0)\right], \quad \tau_2 = -\frac{\mathrm{Im}\left[C_1(0)\right] + \mu_2\omega'(0)}{\omega_0}$$

由 Hopf 分岔定理可得：

（1）若 $\mu_2 > 0\ (<0)$，那么 Hopf 分岔是超临界（亚临界）的，并且对于 $c > c_0\ (<c_0)$，分岔存在周期解；

（2）若 $\beta_2 < 0\ (>0)$，那么分岔周期解在轨道上是稳定（不稳定）的；

（3）若 $\tau_2 > 0\ (<0)$，那么分岔周期解的周期增大（减小）。

2.4

数值模拟

本节将根据参数的不同取值来观察新型类 Lorenz 混沌系统的 Hopf 分岔发生的过程。由于分岔值为 $c = c_0$，故当参数 c 变化时，系统分岔也随之发生。选择参数 $a = 12$、$b = 50$、$e = -0.1$ 时，由 2.3 节结果计算可知 $\mu_2 \approx 1866.24$，$\beta_2 \approx 4$。系统 (2.1) 中 y 与参数 c 的分岔图和 Lyapunov 指数谱如图 2.1 和图 2.2 所示，可以看到当系统从一个稳定状态过渡到混沌状态时，分岔图上的线条可能开始变得复杂和混乱。在混沌状态中，系统经历多次 Hopf 分岔，导致系统在不同的周期轨道之间切换，从而形成复杂的运动状态。

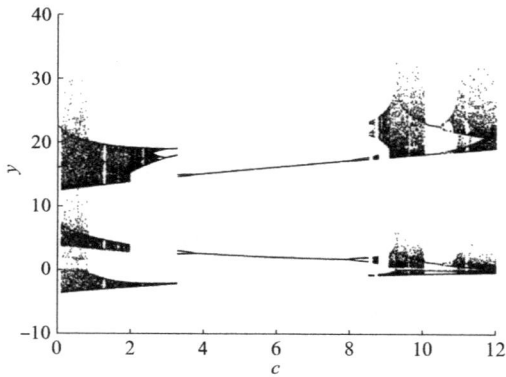

图 2.1　参数 a=12、b=50、e=−0.1 时系统 (2.1) 的分岔图

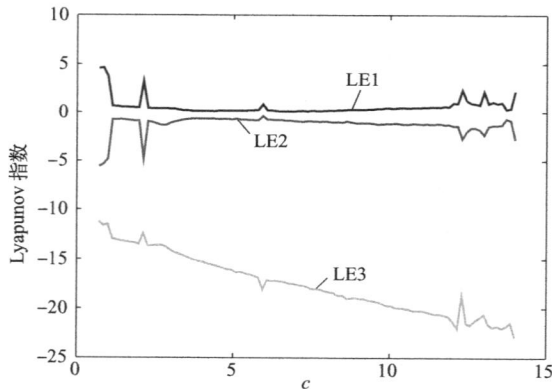

图 2.2　参数 a=12、b=50、e=−0.1 时系统 (2.1) 的 Lyapunov 指数谱

当参数 c 变化时，系统存在以下动力学行为。

情形 1：$a=12, b=50, c=15, e=-0.1$。

利用 MATLAB 软件绘图可得如下系统的动力学响应，其中图 2.3 为系统在参数取值情形 1 时的时域波形图，图 2.4 为新型类 Lorenz 混沌系统 (2.1) 的两个平衡点 E_1、E_2 处的相轨迹。

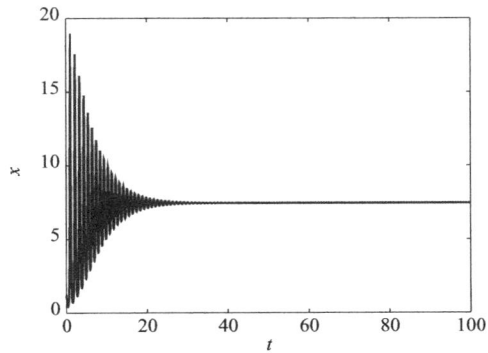

(a)

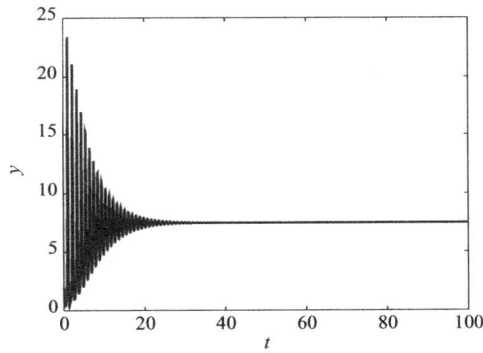

(b)

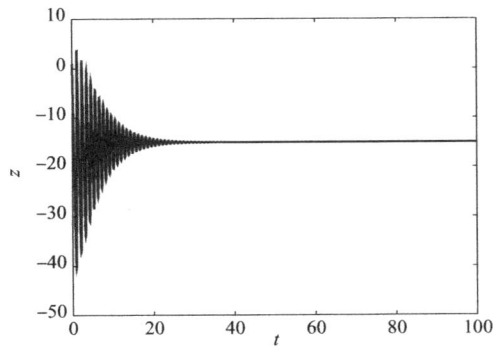

(c)

图 2.3 参数取值为情形 1 时系统 (2.1) 在平衡点 E_1、E_2 处的时域波形图

情形 2：$a=12$, $b=50$, $c=9.5$, $e=-0.1$。

利用 MATLAB 软件绘图可得如下系统的动力学响应，其中图 2.5 为系统在参数取值情形 2 时的时域波形图，图 2.6 为参数取值为情形 2 时新型类 Lorenz 混沌系统的相轨迹。

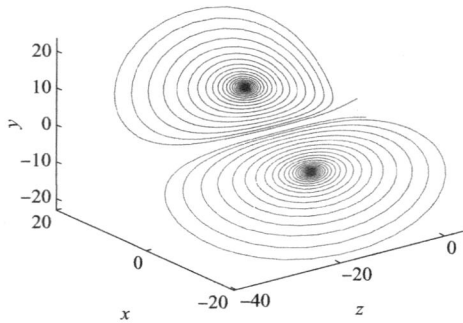

图 2.4　参数取值为情形 1 时系统 (2.1) 在平衡点 E_1、E_2 处的相轨迹

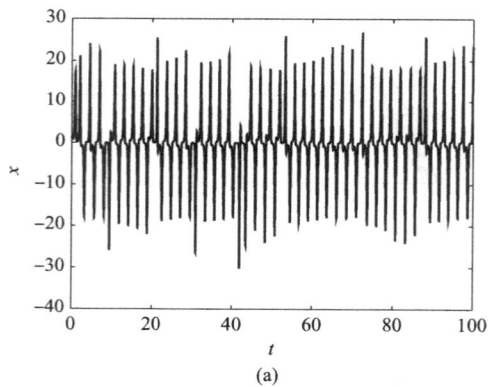

(a)

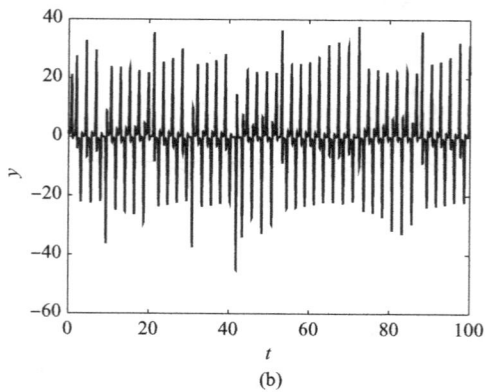

(b)

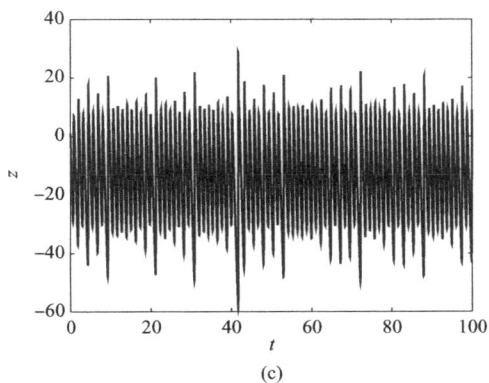

图 2.5　参数取值为情形 2 时系统 (2.1) 在平衡点 E_1、E_2 处的时域波形图

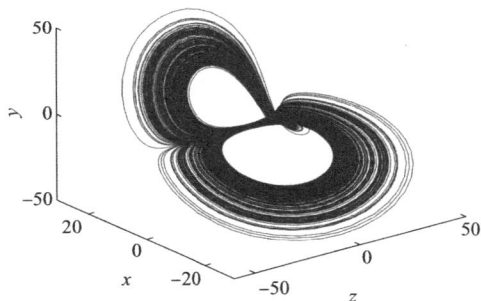

图 2.6　参数取值为情形 2 时系统 (2.1) 在平衡点 E_1、E_2 处的相轨迹

通过以上两种情形对比可以得到：

（1）当 $c=15$ 时，$c>c_0$，平衡点是稳定的，系统 (2.1) 的动力学响应如图 2.4 所示。

（2）当 $c=9.5$ 时，$c<c_0$，平衡点是不稳定的，此时，系统 (2.1) 产生了一个双卷混沌吸引子，如图 2.6 所示。

2.5
本章小结

本章分析了一个与 Lorenz 类似的新型三维自治系统，与大多数类

Lorenz 系统不同的是，该系统有三个非线性项、两个平衡点。首先基于此混沌系统的特征方程，利用 Routh-Hurwitz 准则，得到了系统的 Hopf 分岔条件，表明该系统中存在 Hopf 分岔。其次运用 Normal Form 理论计算分析得出了这个系统分岔周期解的稳定性和 Hopf 分岔方向的显性公式。最后通过 MATLAB 进行数值模拟，得到系统时域波形图和相轨迹图，数值验证结果表明系统在参数变化下的稳定状态和不稳定状态，产生了双卷混沌吸引子的动力学行为。

参考文献

[1] Lorenz E N. Deterministic nonperiodic flow. Journal of atmospheric sciences, 1963, 20(2): 130-141.

[2] Tucker W. The Lorenz attractor exists. Comptes Rendus De l'Académie Des Sciences Series I -Mathematics, 1999, 328(12): 1197-1202.

[3] Stewart I. The Lorenz attractor exists. Nature, 2000, 406(6799): 948-949.

[4] Chen G R, Tetsushi U. Yet another chaotic attractor. International Journal of Bifurcation and Chaos, 1999, 9(7): 1465-1466.

[5] Lv J H, Chen G R, Zhang S C. Dynamical analysis of a new chaotic attractor. International Journal of Bifurcation and chaos, 2002, 12(05): 1001-1015.

[6] Zhou X B, Wu Y, Li Y, et al. Hopf bifurcation analysis of the Liu system. Chaos, Solitons & Fractals, 2008, 36(5): 1385-1391.

[7] Rössler O E. Continuous chaos: four prototype equations. Annals of the New York Academy of Sciences, 1979, 316(1): 376-392.

[8] Liao X X, Yu P. Study of globally exponential synchronization for the family of Rössler systems. International Journal of Bifurcation and Chaos, 2006, 16(08): 2395-2406.

[9] Van G, Robert A, Choudhury S R. Analytical Hopf bifurcation and stability analysis of T system. Communications in Theoretical Physics, 2011, 55(4): 609.

[10] Graca D S, Rojas C, Zhong N. Computing geometric Lorenz attractors with arbitrary precision. Transactions of The American Mathematical Society, 2018, 370 (4): 2955-2970.

[11] He W P, Feng G L, Dong W J, et al. On the predictability of the Lorenz system. Acta Physica Sinica, 2026, 55(2): 969-977.

[12] Vijayalakshmi P, Jiang Z H, Wang X. Lagrangian Formulation of Lorenz and Chen Systems. International Journal of Bifurcation and Chaos, 2021, 31(4): 2150055.

[13] Lainscsek C. A class of Lorenz-like systems. Chaos, 2012, 22(1): 013126.

[14] Kim D, Chang P H. A new butterfly-shaped chaotic attractor. Results In Physics, 2013(3):14-19.

[15] Charó G D, Letellier C, Sciamarella D. Templex: A bridge between homologies and templates for chaotic attractors. Chaos, 2022, 32 (8): 083108.

[16] Celikovsky S, Chen G R. Generalized Lorenz canonical form revisited. International Journal of Bifurcation and Chaos, 31 (5): 2150079.

[17] Jin M X, Sun K H, Wang H H. Dynamics and synchronization of the complex simplified Lorenz system. Nonlinear Dynamics, 2021, 106 (3): 2667-2677.

[18] Letellier C, Mendes E, Malasoma J M. Lorenz-like systems and Lorenz-like attractors: Definition, examples, and equivalences. Physical Review E, 2023, 108 (4): 044209.

[19] Ahmadi A, Parthasarathy S, Natiq H, et al. Coexisting attractors and multi-stability within a Lorenz model with periodic heating function. Physica Scripta, 2023, 98 (5): 055219.

[20] Liu Y J, Yang Q G. Dynamics of a new Lorenz-like chaotic system. Nonlinear Analysis-Real World Applications, 2021, 11 (4): 2563-2572.

[21] Sprott J C. A new class of chaotic circuit. Physics Letters A, 2000, 266 (1): 19-23.

[22] Sprott J C. Simplest dissipative chaotic flow. Physics letters A, 1997, 228 (4-5): 271-274.

[23] Yang Q G, Wei Z C, Chen G R. An unusual 3D autonomous quadratic chaotic system with two stable node-foci. International Journal of Bifurcation and Chaos, 2010, 20 (4): 1061-1083.

[24] Qiao Z Q, Li X Y. Dynamical analysis and numerical simulation of a new Lorenz-type chaotic system. Mathematical and Computer Modelling of Dynamical Systems, 2014, 20 (3): 264-283.

[25] 刘宇, 周艳, 郭碧垚. 新型混沌系统的 Hopf 分岔与复杂动力学分析. 内蒙古农业大学学报（自然科学版）, 2023, 44 (2): 89-94.

[26] DeJesus E X, Kaufman C. Routh-Hurwitz criterion in the examination of eigenvalues of a system of nonlinear ordinary differential equations. Physical Review A, 1987, 35 (12): 5288.

[27] Guckenheimer J, Homles P. Nonlinear oscillations, Dynamical systems, and bifurcations of vector field. Applied Mathematical Sciences, 1983: 117-156.

[28] Hassard B D, Kazarinoff N D, Wan Y H. Theory and applications of Hopf bifurcation. Cambridge: CUP Archive, 1981.

第 3 章
新型 3D 类 Lorenz 混沌系统

3.1
Lorenz 混沌系统简介

分岔是非线性问题的一个共同特征，连续分岔通常是混沌的前兆。典型的分岔种类包括 Hopf 分岔和顺势分岔[1, 2]。Zhang 等人[3] 利用全局随机稳定性，研究了悬挂轮对系统的随机稳定性和分岔行为，包括 D-分岔、P- 分岔和亚临界 Hopf 分岔。一些研究表明，随着系统速度的增加，平衡点变得不稳定，并通过 Hopf 分岔产生极限环[4, 5]。Luo 等人[6] 在受径向温度梯度影响的环形双层系统中，获得了从稳态到振荡流的 Hopf 分岔。Cheng 等人[7] 基于一个或两个连续参数研究了 F-18 飞机模型的平衡和极限环分岔。

1994 年，Sprott[8] 通过计算搜索方法获得了 19 个表现出混沌行为的三维二次系统。Tucker[9] 确定混沌吸引子能够在 Lorenz 系统的特定参数范围内表现出来。Yang 等人[10] 利用旋转对称性设计了只有稳定点或没有平衡点的多翼 3D 混沌系统。同样，Sambas 等人[11] 提出了一种新的具有线平衡的三维混沌系统。Wang 等人[12] 发现了具有条件对称性的三维健忘症抗性混沌系统。Wu 等人[13] 提出了一种由三个隐藏吸引子生成的新型 3D 多涡卷混沌系统。Pan 等人[14] 发现了具有梯度型非线性的弱阻尼波动方程的全局吸引子。

在这些三维二次多项式自主混沌系统中，有一个独特的系统不满足 Hilnikov 定理的条件，即著名的 Sprott C 系统

$$\begin{cases} \dot{x} = yz \\ \dot{y} = x - y \\ \dot{z} = 1 + x^2 \end{cases} \tag{3.1}$$

假设 Sprott C 系统的奇异性可以通过很小的扰动从退化变为稳定，对类似系统的研究具有重要的理论和实践意义。2010 年，Yang 等人[15] 获得了广义 Sprott C 系统，其描述如下

$$\begin{cases} \dot{x} = a(y-x) \\ \dot{y} = -cy - xz \\ \dot{z} = -b + y^2 \end{cases} \quad (3.2)$$

基于三维 Lorenz 型混沌系统在仅具有稳定或非双曲平衡点的情况下产生混沌的条件，对其进行建模。该系统的设计和实现参考广义 Sprott C 系统和 Zhang 的系统改进方法 [16]。值得一提的是，这种类 Lorenz 系统最初是在我们之前的一项工作中发现的 [17]。虽然混沌系统在代数结构上与其他 Lorenz 型系统有相似之处，但它们表现出不同的拓扑性质。这一令人兴奋的事实促使人们对它们的动力学行为，如平衡点的数量和稳定性、Hopf 分岔及其方向的进一步研究。

近几十年来，控制策略在非线性动力系统的研究中引起了广泛的关注，许多控制理论也适用于研究 Hopf 分岔和混沌系统 [18]。Hopf 分岔的适宜控制至关重要，因为它允许操纵系统的动力学行为及其稳定性。通过调节引发分岔的参数值，它可以改变分岔循环解的稳定性，从而将系统引导到所需的稳定状态。这方面的相关研究给出了许多控制策略，包括分岔控制 [19] 和混沌状态控制 [20] 等。

基于广义 Sprott C 系统和 Zhang[16] 改进系统的方法，可以得到一个新的类 Lorenz 混沌系统。

本章的结构如下：3.2 节介绍了新混沌系统 Hopf 分岔的存在条件；3.3 节根据平衡点对系统进行变换，利用 Normal Form 理论 [21] 计算系统分岔周期解的稳定性和 Hopf 分岔方向公式；在 3.4 节提出一种同时使用状态反馈和参数控制的混合控制策略 [22]，通过这种策略可以控制 Hopf 分岔阈值；3.5 节介绍所考虑的系统的数值模拟结果，展示 MATLAB 代码的输出结果，以图形表示系统，分析并描述受控系统的特征。

3.2
一个 3D 类 Lorenz 混沌系统

设计并研究的新型 3D 类 Lorenz 混沌系统模型表示如下

$$\begin{cases} \dot{x} = a(y-x) \\ \dot{y} = cy - xz \\ \dot{z} = -bz + y^2 \end{cases} \tag{3.3}$$

从这个系统中可以看出，这是一个有六个项的三维自治系统，其中，x、y、z 为状态变量；a、b、c 为系统参数；代数项包含两个二次项。

3.2.1 系统的平衡点分析

设系统 (3.3) 的右边等于零，即可得到系统的平衡点。可以看出，对于 $a \neq 0$ 和 $b \neq 0$，存在以下两种情况

$$\begin{cases} a(y-x) = 0 \\ cy - xz = 0 \\ -bz + y^2 = 0 \end{cases} \tag{3.4}$$

（1）当 $bc \leqslant 0$ 时，系统有且仅有一个平衡点 $O(0, 0, 0)$；

（2）当 $bc > 0$ 时，系统有两个平衡点，分别为

$$E_1\left(\sqrt{bc}, \sqrt{bc}, c\right),\ E_2\left(-\sqrt{bc}, -\sqrt{bc}, c\right)$$

3.2.2 平衡点稳定性

首先考虑平衡点 $O(0, 0, 0)$，上述系统在其位置的 Jacobian 矩阵为

$$\boldsymbol{J}(O) = \begin{pmatrix} -a & a & 0 \\ 0 & c & 0 \\ 0 & 0 & -b \end{pmatrix} \tag{3.5}$$

故系统 (3.3) 在平衡点 $O(0, 0, 0)$ 处 Jacobian 矩阵的特征方程为

$$(\lambda + a)(\lambda - c)(\lambda + b) = 0 \tag{3.6}$$

若 $a > 0$、$b > 0$、$c < 0$，方程的特征根实部均为负，此时平衡点 $O(0, 0, 0)$ 为渐近稳定。若 $ac > 0$、$b \neq 0$，显然特征方程无零根。若方程有零根，则有 $ac = 0$ 或者 $b = 0$，与已知矛盾。且特征方程没有纯虚根，因此特征根有正实部，此时平衡点 $O(0, 0, 0)$ 不稳定。

接下来考虑平衡点 E_1、E_2，通过观察可以看出系统在如下的变换中有明显的对称性

$$S(x, y, z) \to (-x, -y, z) \tag{3.7}$$

即关于z轴的反射，也就是说只考虑一个平衡点即可。这里考虑采用平衡点E_1进行计算。

平衡点 E_1 的 Jacobian 矩阵为

$$J(E_1) = \begin{pmatrix} -a & a & 0 \\ -c & c & -\sqrt{bc} \\ 0 & 2\sqrt{bc} & -b \end{pmatrix} \tag{3.8}$$

同时

$$\left| \lambda E - J(E_1) \right| = \begin{vmatrix} \lambda + a & -a & 0 \\ c & \lambda - c & \sqrt{bc} \\ 0 & -2\sqrt{bc} & \lambda + b \end{vmatrix} \tag{3.9}$$

根据行列式 (3.9) 计算特征方程，可得

$$f(\lambda) = \lambda^3 + (a + b - c)\lambda^2 + b(a+c)\lambda + 2abc = 0 \tag{3.10}$$

运用 Routh-Hurwitz 判别条件[23]，可以令

$$f(\lambda) = P_0 \lambda^3 + P_1 \lambda^2 + P_2 \lambda + P_3 = 0 \tag{3.11}$$

再将式 (3.11) 与特征方程 (3.10) 的系数一一对应可得

$$P_0 = 1,\ P_1 = a + b - c,\ P_2 = b(a+c),\ P_3 = 2abc \tag{3.12}$$

将式 (3.12) 的各个数值代入如下行列式

$$D = \begin{vmatrix} P_1 & P_3 & 0 \\ P_0 & P_2 & 0 \\ 0 & P_1 & P_3 \end{vmatrix} = \begin{vmatrix} a+b-c & 2abc & 0 \\ 1 & b(a+c) & 0 \\ 0 & a+b-c & 2abc \end{vmatrix} \tag{3.13}$$

可以看出，系统所有特征值的实部为负的充要条件是下列不等式成立

$$D_1 = P_1 = a + b - c > 0 \tag{3.14}$$

$$D_2 = \begin{vmatrix} P_1 & P_3 \\ P_0 & P_2 \end{vmatrix} = P_1 P_2 - P_0 P_3 = b(a+c)(a+b-c) - 2abc > 0 \quad (3.15)$$

$$D_3 = D = P_3 D_2 = 2abc D_2 > 0 \quad (3.16)$$

由不等式 (3.14) ~ 不等式 (3.16) 可以得到 $abc > 0$，$a+b-c > 0$，$(a+c)(a+b-c) - 2ac > 0$。

又当 $bc > 0$ 时，系统 (3.3) 存在平衡点 E_1、E_2，因此当且仅当 $a > 0$、$bc > 0$ 与 $(a+c)(a+b-c) - 2ac > 0$ 时，方程 (3.10) 所有的特征根的实部为负数，在这个条件下，平衡点 E_1、E_2 为渐近稳定的。

进一步，若

$$H_1 = a + b - c < 0 \quad (3.17)$$

$$H_2 = \begin{vmatrix} P_1 & P_3 \\ P_0 & P_2 \end{vmatrix} = b(a+c)(a+b-c) - 2abc < 0 \quad (3.18)$$

$$H_3 = \begin{vmatrix} a+b-c & 2abc & 0 \\ 1 & b(a+c) & 0 \\ 0 & a+b-c & 2abc \end{vmatrix} < 0 \quad (3.19)$$

故当 $a > 0$、$bc > 0$ 与 $(a+c)(a+b-c) - 2ac > 0$ 成立时，在平衡点 E_1 和 E_2 处，系统 (3.3) 的特征方程有一个负实根和一对实部为正的共轭虚根。

因此，当参数 $c = \dfrac{\sqrt{8a^2 + b^2} - 2a + b}{2}$ 时，系统会发生分岔，故此时为临界值，在这里把它设为 $c = c_0$。

3.2.3 Hopf 分岔的存在性分析

对于新型类 Lorenz 混沌系统 (3.3) 的平衡点 E_1 和 E_2 来说，当参数 $a > 0$、$b > 0$ 且 $c = c_0$ 临界值时，容易得出其特征方程有一对纯虚共轭根与一个实数根，故可以设 $\lambda_{1,2} = \pm \omega_0 \mathrm{i}$，$\lambda_3 = \lambda_0$，其中 $\omega_0 \in \mathbb{R}^+$。

故而系统 (3.3) 在平衡点 E_1 和 E_2 处的特征方程可以转化为

$$f(\lambda) = (\lambda - \lambda_0)(\lambda^2 + \omega_0^2) = \lambda^3 - \lambda_0 \lambda^2 + \omega_0^2 \lambda - \lambda_0 \omega_0^2$$

$$= \lambda^3 + (a+b-c)\lambda^2 + b(a+c)\lambda + 2abc \quad (3.20)$$

从式 (3.20) 的系数一一对应关系可以得出 $\lambda_0 = c - a - b$，

$\omega_0^2 = b(a+c)$，$\omega_0 = \sqrt{b(a+c)}$。系统 (3.3) 在平衡点 E_1 和 E_2 处的特征根分别为 $\lambda_{1,2} = \pm\sqrt{b(a+c)}\mathrm{i}$ 与 $\lambda_3 = c - a - b$。因此，Hopf 分岔存在性定理的第一个条件就满足了。

然后，对系统 (3.3) 平衡点 E_1 和 E_2 处的特征方程关于参数 c 求导可得

$$3\lambda^2 \frac{\mathrm{d}\lambda}{\mathrm{d}c} + 2(a+b-c)\lambda\frac{\mathrm{d}\lambda}{\mathrm{d}c} + b(a+c)\frac{\mathrm{d}\lambda}{\mathrm{d}c} - \lambda^2 + 2ab = 0 \tag{3.21}$$

$$\lambda'(c) = \frac{\mathrm{d}\lambda}{\mathrm{d}c} = \frac{\lambda^2 - 2ab}{3\lambda^2 + 2(a+b-c)\lambda + b(a+c)} \tag{3.22}$$

将分岔值与特征值代入 式 (3.22) 得到

$$\alpha'(0) = \mathrm{Re}\left[\lambda'(c_0)\right]\Big\|_{\lambda=\sqrt{b(a+c)}\mathrm{i}} = \frac{b(c-a)}{(a+b-c)^2 + 4b(a+c)} \neq 0 \tag{3.23}$$

$$\omega'(0) = \mathrm{Im}\left[\lambda'(c_0)\right]\Big\|_{\lambda=\sqrt{b(a+c)}\mathrm{i}} = \frac{(c-a)(a+b-c)\sqrt{b(a+c)}}{2(a+c)(a+b-c)^2 + 4b(a+c)} \neq 0$$

$$\tag{3.24}$$

这些结果表明，Hopf 分岔存在性定理的第二个条件得到了满足。

因此，本章所考虑的混沌系统 (3.3) 满足 Hopf 分岔存在性定理的两个条件，即当 $c = c_0$，系统在平衡点 E_1 和 E_2 处存在 Hopf 分岔。

3.3
分岔周期解的方向和稳定性

本节的主要目的是利用 Normal Form 理论分析研究 Hopf 分岔周期解的方向与稳定性，且求解相关的显性公式。平衡 E_1 和 E_2 关于 z 轴的对称性，只需分析系统的一个平衡点即可。首先，将此新型混沌系统的平衡点 $E_1\left(\sqrt{bc}, \sqrt{bc}, c\right)$ 转换到 $O(0, 0, 0)$ 处，即进行如下的线性变换

$$\begin{cases} x_1 = x - \sqrt{bc} \\ y_1 = y - \sqrt{bc} \\ z_1 = z - c \end{cases} \tag{3.25}$$

将上述变换 (3.25) 应用于新型系统 (3.3) 可得

$$
\begin{cases}
\dot{x}_1 = a\left(y_1 - x_1\right) \\
\dot{y}_1 = -x_1 z_1 - c x_1 + c y_1 - \sqrt{bc}\, z_1 \\
\dot{z}_1 = y_1^2 + 2\sqrt{bc}\, y_1 - b z_1
\end{cases}
\tag{3.26}
$$

变换后系统 (3.26) 的 Jacobian 矩阵可表示为

$$
\boldsymbol{J}_1\left(0\right) = \begin{pmatrix}
-a & a & 0 \\
-c & c & -\sqrt{bc} \\
0 & 2\sqrt{bc} & -b
\end{pmatrix}
\tag{3.27}
$$

同时

$$
\left|\lambda \boldsymbol{E} - \boldsymbol{J}_1\left(0\right)\right| = \begin{pmatrix}
\lambda + a & -a & 0 \\
c & \lambda - c & \sqrt{bc} \\
0 & -2\sqrt{bc} & \lambda + b
\end{pmatrix}
\tag{3.28}
$$

由上式 (3.28) 可得变换后系统 (3.26) 的特征方程为

$$
f_1\left(\lambda\right) = \lambda^3 + \left(a + b - c\right)\lambda^2 + b\left(a + c\right)\lambda + 2abc = 0
\tag{3.29}
$$

当 $c = c_0$ 时，可以得到上述特征方程 (3.29) 的特征根分别为 $\lambda_{1,2} = \pm\sqrt{b(a+c)}\,\mathrm{i}$，$\lambda_3 = c - a - b$。并由此特征根求解其特征向量

$$
\begin{cases}
\left(\lambda + a\right)u_1 - a u_2 = 0 \\
c u_1 + \left(\lambda - c\right)u_2 + \sqrt{bc}\, u_3 = 0 \\
-2\sqrt{bc}\, u_2 + \left(\lambda + b\right)u_3 = 0
\end{cases}
\tag{3.30}
$$

设 $\boldsymbol{v}_1$ 和 $\boldsymbol{v}_3$ 分别为特征值 $\lambda_{1,2} = \pm\sqrt{b(a+c)}\,\mathrm{i}$ 与 $\lambda_3 = c - a - b$ 的特征向量。经过计算，可得

$$
\boldsymbol{v}_1 = \begin{pmatrix}
1 \\
1 + \dfrac{1}{a}\sqrt{b(a+c)}\,\mathrm{i} \\
\dfrac{b(a+c)}{a\sqrt{bc}} + \dfrac{(c-a)\sqrt{b(a+c)}}{a\sqrt{bc}}\,\mathrm{i}
\end{pmatrix}, \quad
\boldsymbol{v}_3 = \begin{pmatrix}
\dfrac{a}{c-b} \\
1 \\
\dfrac{2\sqrt{bc}}{c-b}
\end{pmatrix}
\tag{3.31}
$$

由特征向量式 (3.31) 的值定义一个矩阵 $\boldsymbol{P}$

$$\boldsymbol{P} = (\operatorname{Re}\boldsymbol{v}_1, \ -\operatorname{Im}\boldsymbol{v}_1, \ \boldsymbol{v}_3) = \begin{pmatrix} 1 & 0 & \dfrac{a}{c-b} \\[3mm] 1 & -\dfrac{1}{a}\sqrt{b(a+c)} & 1 \\[3mm] \dfrac{b(a+c)}{a\sqrt{bc}} & -\dfrac{(c-a)\sqrt{b(a+c)}}{a\sqrt{bc}} & \dfrac{2\sqrt{bc}}{c-b} \end{pmatrix} \tag{3.32}$$

根据式 (3.26) 与式 (3.32) 作如下变换

$$\begin{pmatrix} x_1 \\ y_1 \\ z_1 \end{pmatrix} = \boldsymbol{P} \begin{pmatrix} x_2 \\ y_2 \\ z_2 \end{pmatrix} \tag{3.33}$$

得到 x_1、y_1、z_1 与 x_2、y_2、z_2 的关系式，即

$$\begin{pmatrix} x_1 \\ y_1 \\ z_1 \end{pmatrix} = \begin{pmatrix} x_2 + \dfrac{a}{c-b}z_2 \\[3mm] x_2 - \dfrac{1}{a}\sqrt{b(a+c)}y_2 + z_2 \\[3mm] \dfrac{b(a+c)}{a\sqrt{bc}}x_2 - \dfrac{(c-a)\sqrt{b(a+c)}}{a\sqrt{bc}}y_2 + \dfrac{2\sqrt{bc}}{c-b}z_2 \end{pmatrix} \tag{3.34}$$

将式 (3.34) 求导代入变换后的系统中，就得到了新的系统表达式

$$\begin{cases} \dot{x}_2 = -\sqrt{bc}\,y_2 + F_1(x_2, y_2, z_2) \\ \dot{y}_2 = \sqrt{bc}\,x_2 + F_2(x_2, y_2, z_2) \\ \dot{z}_2 = (c-a-b)z_2 + F_3(x_2, y_2, z_2) \end{cases} \tag{3.35}$$

其中，

$$F_1(x_2, y_2, z_2) = k\left[\frac{c-a+\sqrt{bc}}{c-a}x_2^2 + \frac{b(a+c)\sqrt{bc}}{a(c-a)}y_2^2 + \frac{(c-b+2a)\sqrt{bc}}{(c-a)(c-b)}z_2^2 + \right.$$

$$\frac{4bc(c-b)+b(c^2-a^2)}{(c-a)(c-b)\sqrt{bc}}x_2z_2 - \frac{2bc+(c-a)^2}{a(c-a)\sqrt{bc}}\sqrt{b(a+c)}x_2y_2$$

$$-\frac{2bc(c-b)+a(c-a)^2}{a(c-a)(c-b)\sqrt{bc}}\sqrt{b(a+c)}\,y_2 z_2\Bigg] \tag{3.36}$$

$$F_2\left(x_2,y_2,z_2\right)=\frac{c-a-b}{\sqrt{b(a+c)}}\,F_1\left(x_2,y_2,z_2\right) \tag{3.37}$$

$$F_3\left(x_2,y_2,z_2\right)=-\frac{c-b}{a}\,F_1\left(x_2,y_2,z_2\right) \tag{3.38}$$

$$k=\frac{a(c-a)^2}{b(c^2-a^2-2ac)} \tag{3.39}$$

依据上述表达式，系统在分岔值 $c=c_0$ 和 $(x_2,y_2,z_2)=(0,0,0)$ 处可以获得如下结果

$$
\begin{aligned}
g_{11}&=\frac{1}{4}\left[\frac{\partial^2 F_1}{\partial x_2^2}+\frac{\partial^2 F_1}{\partial y_2^2}+\mathrm{i}\left(\frac{\partial^2 F_2}{\partial x_2^2}+\frac{\partial^2 F_2}{\partial y_2^2}\right)\right]\\
&=\frac{k}{2}\left[1+\frac{(c-a-b)\mathrm{i}}{\sqrt{b(a+c)}}\right]\times\left[\frac{c-a+\sqrt{bc}}{c-a}+\frac{b(a+c)\sqrt{bc}}{a(c-a)}\right]
\end{aligned} \tag{3.40}
$$

$$
\begin{aligned}
g_{02}&=\frac{1}{4}\left[\frac{\partial^2 F_1}{\partial x_2^2}-\frac{\partial^2 F_1}{\partial y_2^2}-2\frac{\partial^2 F_2}{\partial x_2\partial y_2}+\mathrm{i}\left(\frac{\partial^2 F_2}{\partial x_2^2}-\frac{\partial^2 F_2}{\partial y_2^2}+2\frac{\partial^2 F_1}{\partial x_2\partial y_2}\right)\right]\\
&=\frac{k}{2}\left(1+\frac{2c^3-ab^2c-b^2c^2-4bc^2+2b^2c-2ac^2+5abc}{a(c-a)\sqrt{bc}}\right)+\\
&\quad\frac{k}{2}\mathrm{i}\left[\frac{c-a-b}{\sqrt{b(a+c)}}\left(\frac{c-a+\sqrt{bc}}{c-a}+\frac{b(a+c)\sqrt{bc}}{a(c-a)}\right)-\frac{2bc+(c-a)^2}{a(c-a)\sqrt{bc}}\sqrt{b(a+c)}\right]
\end{aligned} \tag{3.41}
$$

$$
\begin{aligned}
g_{20}&=\frac{1}{4}\left[\frac{\partial^2 F_1}{\partial^2 x_2^2}-\frac{\partial^2 F_1}{\partial^2 y_2^2}+2\frac{\partial^2 F_2}{\partial x_2\partial y_2}+\mathrm{i}\left(\frac{\partial^2 F_2}{\partial^2 x_2^2}-\frac{\partial^2 F_2}{\partial^2 y_2^2}-2\frac{\partial^2 F_1}{\partial x_2\partial y_2}\right)\right]\\
&=\frac{k}{2}\left[1+\frac{-2c^3-ab^2c-b^2c^2+4bc^2-2b^2c+2ac^2-3abc}{a(c-a)\sqrt{bc}}\right]
\end{aligned}
$$

$$+\frac{k}{2}\mathrm{i}\left\{\frac{c-a-b}{\sqrt{b(a+c)}}\left[\frac{c-a+\sqrt{bc}}{c-a}+\frac{b(a+c)\sqrt{bc}}{a(c-a)}\right]+\frac{2bc+(c-a)^2}{a(c-a)\sqrt{bc}}\sqrt{b(a+c)}\right\}$$

$$\tag{3.42}$$

$$G_{21}=\frac{1}{8}\left[\frac{\partial^3 F_1}{\partial x_2^3}+\frac{\partial^3 F_1}{\partial x_2\partial y_2^2}+\frac{\partial^3 F_2}{\partial x_2^2\partial y_2}+\frac{\partial^3 F_2}{\partial y_2^3}+\mathrm{i}\left(\frac{\partial^3 F_2}{\partial x_2^3}+\frac{\partial^3 F_2}{\partial x_2\partial y_2^2}-\frac{\partial^3 F_1}{\partial x_2^2\partial y_2}-\frac{\partial^3 F_1}{\partial y_2^3}\right)\right]$$

$$=0 \tag{3.43}$$

$$h_{11}=\frac{1}{4}\left(\frac{\partial^2 F_3}{\partial x_2^2}+\frac{\partial^2 F_3}{\partial y_2^2}\right)=\frac{k(b-c)}{2a}\times\left(\frac{c-a+\sqrt{bc}}{c-a}+\frac{b(a+c)\sqrt{bc}}{a(c-a)}\right) \tag{3.44}$$

$$h_{20}=\frac{1}{4}\left(\frac{\partial^2 F_3}{\partial x_2^2}-\frac{\partial^2 F_3}{\partial y_2^2}-2\mathrm{i}\frac{\partial^2 F_3}{\partial x_2\partial y_2}\right)$$

$$=\frac{k(b-c)}{2a}\times\left(\frac{c-a+\sqrt{bc}}{c-a}-\frac{b(a+c)\sqrt{bc}}{a(c-a)}+\frac{2bc+(c-a)^2}{a(c-a)\sqrt{bc}}\sqrt{b(a+c)}\mathrm{i}\right)$$

$$\tag{3.45}$$

根据以下关系式方程

$$\lambda_3 w_{11}=-h_{11},\quad (\lambda_3-2\mathrm{i}\omega_0 I)w_{20}=-h_{20} \tag{3.46}$$

可得

$$w_{11}=\frac{k(b-c)}{2a(c-a-b)}\left(\frac{c-a+\sqrt{bc}}{c-a}+\frac{b(a+c)\sqrt{bc}}{a(c-a)}\right) \tag{3.47}$$

$$w_{20}=\frac{k(c-b)}{2a\left[c-a-b+2\sqrt{b(a+c)}\right]}\times\left[\frac{a(c-a)+a\sqrt{bc}-b(a+c)\sqrt{bc}}{a(c-a)}(c-a-b)-\right.$$

$$\frac{2bc+(c-a)^2}{a(c-a)\sqrt{bc}}b(a+c)+2\frac{a(c-a)+a\sqrt{bc}-b(a+c)\sqrt{bc}}{a(c-a)}\sqrt{b(a+c)}\mathrm{i}+$$

$$\left.\frac{2bc+(c-a)^2}{a(c-a)\sqrt{bc}}(c-a-b)\sqrt{b(a+c)}\mathrm{i}\right] \tag{3.48}$$

$$G_{110} = \frac{1}{2}\left[\frac{\partial^2 F_1}{\partial x_2 \partial z_2} + \frac{\partial^2 F_2}{\partial y_2 \partial z_2} + \mathrm{i}\left(\frac{\partial^2 F_2}{\partial x_2 \partial z_2} - \frac{\partial^2 F_1}{\partial y_2 \partial z_2}\right)\right]$$

$$= \frac{k}{2}\frac{\left(a^2 b + abc - a^2 + ac - ab\right)(c-a) + \left(2abc - 2b^2 c + 2bc^2\right)(c-b)}{a(c-a)(c-b)\sqrt{bc}} +$$

$$\frac{k\mathrm{i}}{2}\frac{2abc\left(3c - a - 2b\right)(c-b) - \left(b^2 c - ab^2 - b^3 + abc + a^2 b\right)\left(c^2 - a^2\right)}{a(c-a)(c-b)\sqrt{bc}}$$

$$(3.49)$$

$$G_{101} = \frac{1}{2}\left[\frac{\partial^2 F_1}{\partial x_2 \partial z_2} - \frac{\partial^2 F_2}{\partial y_2 \partial z_2} + \mathrm{i}\left(\frac{\partial^2 F_2}{\partial x_2 \partial z_2} + \frac{\partial^2 F_1}{\partial y_2 \partial z_2}\right)\right]$$

$$= \frac{k}{2} \times \frac{\left(a^2 b + abc - a^2 + ac - ab\right)(c-a) + \left(2abc - 2b^2 c + 2bc^2\right)(c-b)}{a(c-a)(c-b)\sqrt{bc}} +$$

$$\frac{k\mathrm{i}}{2} \times \frac{2abc\left(3c - a - 2b\right)(c-b) - \left(b^2 c - ab^2 - b^3 + abc + a^2 b\right)\left(c^2 - a^2\right)}{a(c-a)(c-b)\sqrt{bc}}$$

$$(3.50)$$

在 $a = 7$、$b = 2$、$c = c_0$ 处，经过计算即可得到

$$g_{21} = G_{21} + \left(2G_{110}w_{11} + G_{101}w_{20}\right) \approx 4.260 + 0.43\mathrm{i} \qquad (3.51)$$

$$C_1(0) = \frac{\mathrm{i}}{2\omega_0}\left(g_{20}g_{11} - 2\left|g_{11}\right|^2 - \frac{1}{3}\left|g_{02}\right|^2\right) + \frac{1}{2}g_{21} \approx 2.094 - 0.150\mathrm{i} \quad (3.52)$$

继而有 $\mu_2 = -\dfrac{\operatorname{Re} C_1(0)}{\alpha'(0)}$，$\beta_2 = 2\operatorname{Re} C_1(0)$，$\tau_2 = -\dfrac{\operatorname{Im} C_1(0) + \mu_2 \omega'(0)}{\omega_0}$。在 $c = c_0$ 时，有 $\mu_2 \approx 394.37 > 0$，$\beta_2 \approx 4.188 > 0$，$\tau_2 \approx 9.304 > 0$。

综上所述，当参数 c 通过分岔临界值时，系统在平衡点 E_1 的 Hopf 分岔为超临界的，分岔方向为 $c > c_0$，并且此时系统的分岔周期解是不稳定的。

3.4
Hopf 分岔与混沌的混合控制

本节将运用一种混合控制策略来控制新的混沌系统 (3.3) 的 Hopf 分岔和混沌，将状态反馈和参数控制同时应用到新的混沌系统，得到以下控制系统

$$\begin{cases} \dot{x} = a(y-x) \\ \dot{y} = cy - xz \\ \dot{z} = \alpha(-bz + y^2) + (1-\alpha)(x-y)^3 \end{cases} \tag{3.53}$$

这里选择的是对第三个方程进行控制，但也可以选择对其他方程进行控制。可以看出，这种控制保持了原系统的平衡结构，并没有改变系统的维度。特别地，如果 $\alpha = 1$，受控系统 (3.53) 可以看作与原系统 (3.3) 完全等价。受控模型平衡点 $E_1\left(\sqrt{bc}, \sqrt{bc}, c\right)$ 处的 Jacobian 矩阵为

$$\boldsymbol{J}_\alpha(E_1) = \begin{pmatrix} -a & a & 0 \\ -c & c & -\sqrt{bc} \\ 0 & 2\alpha\sqrt{bc} & -\alpha b \end{pmatrix} \tag{3.54}$$

同时

$$\left| \lambda \boldsymbol{E} - \boldsymbol{J}_\alpha(E_1) \right| = \begin{vmatrix} \lambda + a & -a & 0 \\ c & \lambda - c & \sqrt{bc} \\ 0 & -2\alpha\sqrt{bc} & \lambda + \alpha b \end{vmatrix} \tag{3.55}$$

计算其特征方程，可得

$$f_\alpha(\lambda) = \lambda^3 + (a + \alpha b - c)\lambda^2 + \alpha b(a+c)\lambda + 2\alpha abc = 0 \tag{3.56}$$

故此受控系统参数 $a > 0$、$b > 0$ 且 $c = c_0 = \dfrac{\sqrt{8a^2 + \alpha^2 b^2} - 2a + \alpha b}{2}$ 处于临界值时，其特征方程有一对纯虚共轭根与一个实数根，设其为 $\lambda_{1,2} = \pm\omega_0\mathrm{i}$ 与 $\lambda_3 = \lambda_0$，其中 $\omega_0 \in \mathbb{R}^+$。容易得到 $\lambda_{1,2} = \pm\omega_0\mathrm{i}$，$\lambda_3 = c - a - \alpha b$。

因此，受控系统 (3.53) 满足 Hopf 分岔存在性定理的第一个条件。

然后，对平衡点 E_1 的特征方程关于参数 c 求导可得

$$\lambda'(c) = \frac{\mathrm{d}\lambda}{\mathrm{d}c} = \frac{\lambda^2 - 2\alpha ab}{3\lambda^2 + 2(a + \alpha b - c)\lambda + \alpha b(a + c)} \tag{3.57}$$

故 $\mathrm{Re}\big[\lambda'(c_0)\big] \neq 0$，$\mathrm{Im}\big[\lambda'(c_0)\big] \neq 0$。受控系统 (3.53) 满足 Hopf 分岔存在性定理的第二个条件。

从而，受控系统满足 Hopf 分岔存在性定理的两个条件，即当参数 c 为临界值时，系统 (3.53) 在平衡点 E_1 与 E_2 处存在 Hopf 分岔。

3.5
数值模拟

本节将根据参数的不同值来观察新的混沌系统的 Hopf 分岔发生的过程。由于分岔值为 $c = c_0$，故当参数 c 变化时，分岔也随之发生。选取固定参数 $a = 7$、$b = 2$，此时 $c_0 \approx 3.95$，分析当系统中参数 c 变化时会发生何种情形。另外，本节还模拟了受控系统随参数 α 的变化，Hopf 分岔和混沌状态也发生了变化，使其混沌吸引子产生的时间点随之改变。

首先，新混沌系统 (3.3) 的分岔图和 Lyapunov 指数谱如图 3.1 和图 3.2 所示。

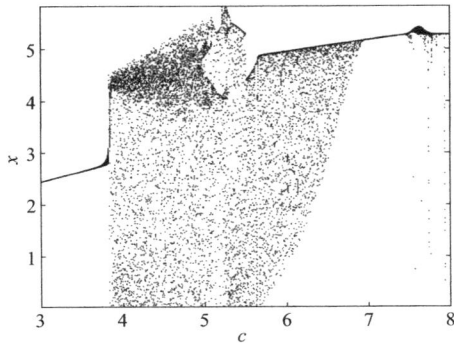

图 3.1　参数 a=7、b=2 时系统 (3.3) 的分岔图

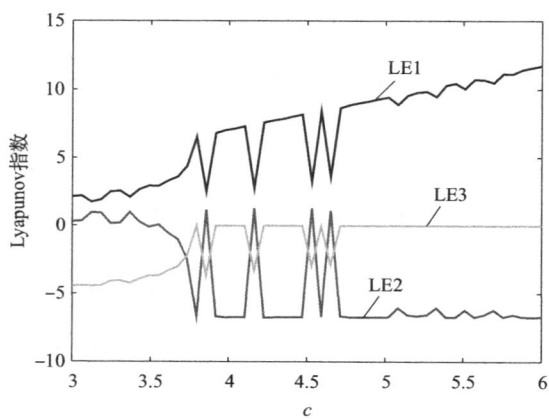

图 3.2 参数 $a=7$、$b=2$ 时系统 (3.3) 的 Lyapunov 指数谱

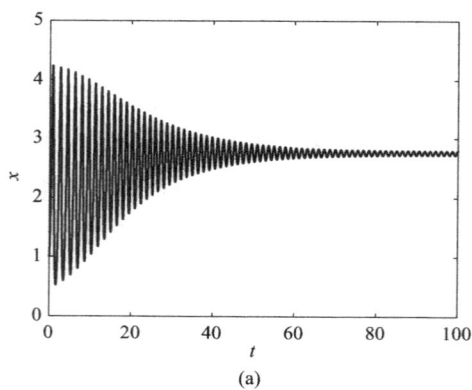

(a)

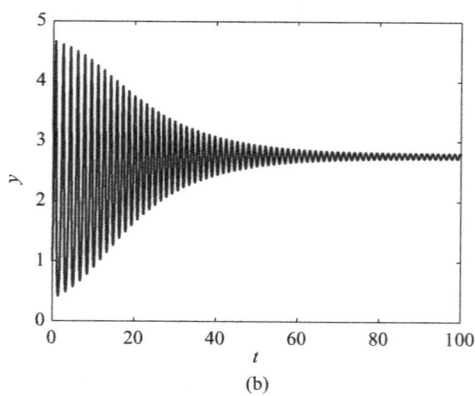

(b)

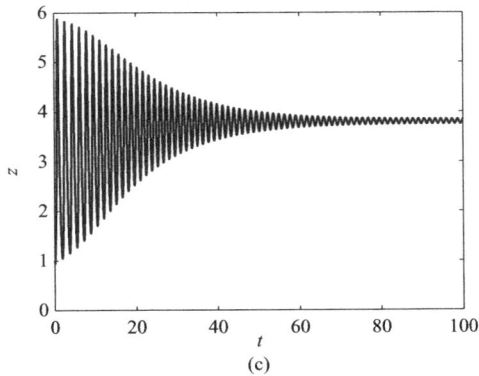

图 3.3　参数 a=7、b=2 和 c=3.8 时系统 (3.3) 的时域波形图

当参数 c 变化时，系统存在以下动力学行为。

情形 1：$a = 7, b = 2, c = 3.8 < c_0$。

编写一个 MATLAB 程序来评估系统 (3.3) 的动力学行为，图 3.3 显示了系统 (3.3) 在参数取值情况 1 的状态变量的时域波形图，图 3.4 显示了混沌系统式 (3.3) 的相轨迹。

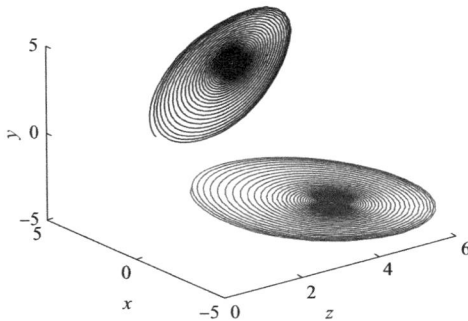

图 3.4　参数 a=7、b=2 和 c=3.8 时系统 (3.3) 对于平衡点 E_1 与 E_2 的相轨迹

情形 2：$a = 7, b = 2, c = 4.2 > c_0$。

同理，运用 MATLAB 软件绘图可得系统 (3.3) 的时域波形图，如图 3.5 所示，新型混沌系统 (3.3) 的相位图轨迹如图 3.6 所示。

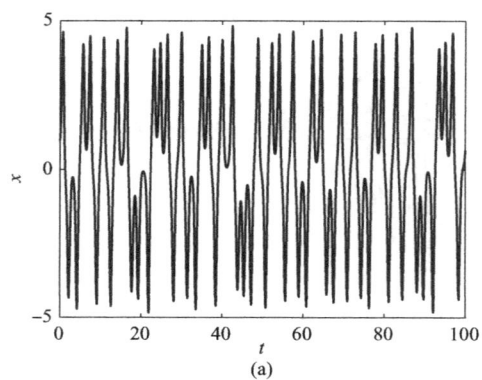

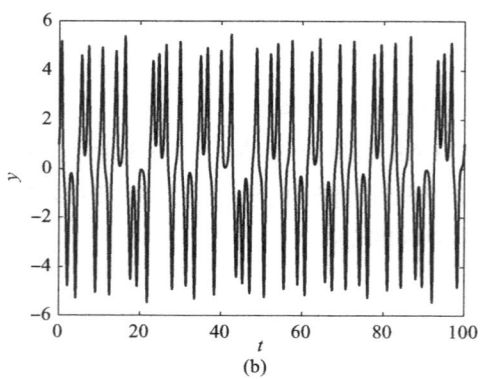

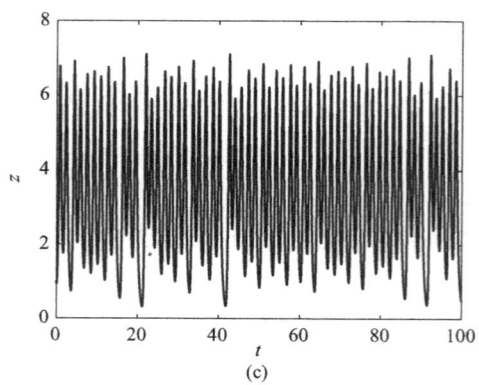

图 3.5 参数 *a*=7、*b*=2 和 *c*=4.2 时系统 (3.3) 的时域波形图

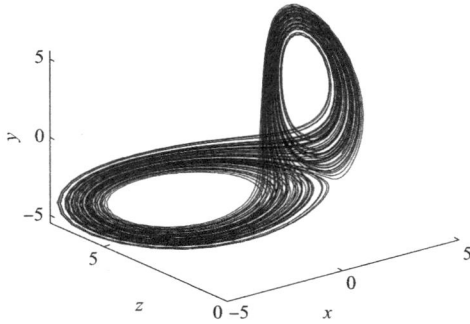

图3.6 参数a=7、b=2和c=4.2时系统(3.3)的相轨迹

通过以上两种情形对比可以看出：

（1）当$c=3.8$时，$c<c_0$，新的混沌系统(3.3)的平衡点E_1、E_2是稳定的，如图3.4所示。

（2）当$c=4.2$时，$c>c_0$，系统处于混沌状态且是不稳定的，在这种情况下，系统(3.3)产生了一个双卷混沌吸引子，如图3.6所示。

情形3：固定参数$c=4.2$，改变系统(3.53)中α的值。

从相轨迹（图3.7和图3.8）中可以看出，当$\alpha=0.8$，受控系统(3.53)处于混沌状态，表现出双卷混沌吸引子的动力学行为；当$\alpha=0.25$，受控系统(3.53)处于稳定状态。

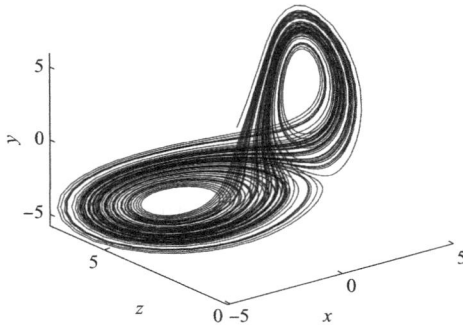

图3.7 参数a=7、b=2、c=4.2和α=0.8时受控系统(3.53)的相轨迹

情形3中的数值模拟表明，当分岔的周期解稳定时，受控系统(3.53)

中的参数 α 可以控制混沌状态。也就是说，当参数 α 处于特定区间时，受控系统 (3.53) 的混沌状态可以转化为稳定状态。由于受控系统 (3.53) 的临界值为 $c_0 = \dfrac{\sqrt{8a^2 + \alpha^2 b^2} - 2a + \alpha b}{2}$，结果还表明这种控制也能有效改变 Hopf 分岔的临界值。

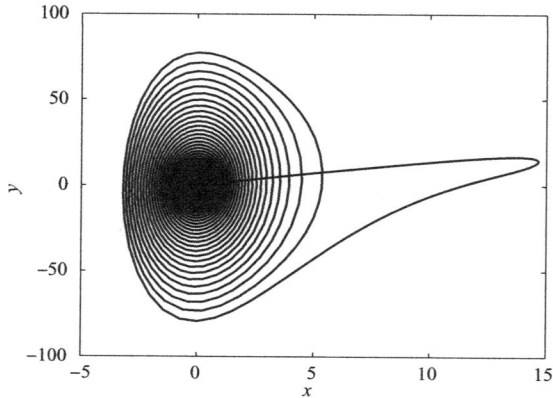

图 3.8　参数 a=7、b=2、c=4.2 和 α=0.25 时受控系统 (3.53) 的相轨迹

3.6
本章小结

本章在广义 Sprott C 系统的基础上设计改进得到了一个新的 3D 类 Lorenz 混沌系统，对其相关动力学行为进行了研究，在一定条件下，证明了该系统存在 Hopf 分岔。然后，利用计算分析 Normal Form 理论，推导出了描述该混沌系统 Hopf 分岔周期解稳定性和 Hopf 分岔方向的公式。利用状态反馈和参数控制的混合控制策略对系统进行控制，通过对控制参数进行微调，可以控制混沌吸引子产生的具体时间。最后，通过 MATLAB 进行数值模拟，得到了系统的时域波形和相位图，验证了理论分析。

参考文献

[1] Zhou Y, Zhang W. Double hopf bifurcation of composite laminated piezoelectric plate subjected to external and internal excitations. Applied Mathematics and Mechanics-English Edition, 2017, 38(5): 689-706.

[2] Wu Q, Qi G. Homoclinic bifurcations and chaotic dynamics of non-planar waves in axially moving beam subjected to thermal load. Applied Mathematical Modelling, 2020(83): 674-682.

[3] Zhang B, Zeng J, Liu W. Research on stochastic stability and stochastic bifurcation of sus pended wheelset. Journal of Mechanical Science and Technology, 2015, 29(8): 3097-3107.

[4] Choi Y S, Shin B S. Critical speed of high-speed trains considering wheel-rail contact. Journal of Mechanical Science and Technology, 2015, 29(11): 4593-4600.

[5] Mo D M, Ruan D F. Linear-stability analysis of thermocapillary convection in an annular two-layer system with free surface subjected to a radial temperature gradient. Journal of Mechanical Science and Technology, 2018, 32(7): 3437-3444.

[6] Luo Y G, Ren Z H, Ma H, et al. Stability of periodic motion on the rotor bearing system with coupling faults of crack and rub-impact. Journal of Mechanical Science and Technology, 2007(21): 860-864.

[7] Cheng L, Hu D, Zhang L. An investigation of the bifurcation behavior of an F-18 aircraft model. Journal of Nonlinear Mathematical Physics, 2023, 30(1): 235-253.

[8] Sprott J C. Some simple chaotic flows. Physical review E, 1994, 50(2): 647-650.

[9] Tucker W. The Lorenz attractor exists. Comptes Rendus De L Academie Des Sciences Serie I-Mathematique, 1999, 328(12): 1197-1202.

[10] Yang Y, Huang L, Xiang J, et al. Design of multi-wing 3D chaotic systems with only stable equilibria or no equilibrium point using rotation symmetry. Aeu-International Journal of Electronics and Communications, 2021(135): 153710.

[11] Sambas A, Vaidyanathan S, Zhang X, et al. A novel 3D chaotic system with line equilibrium: multistability, integral sliding mode control, electronic circuit, FPGA implementation and its image encryption. IEEE Access, 2022(10): 68057-68074.

[12] Wang R, Li C, Kong S, et al. A 3D memristive chaotic system with conditional symmetry. Chaos Solitons & Fractals, 2022(158): 111992.

[13] Wu Y, Wang C, Deng Q. A new 3D multi-scroll chaotic system generated with three types of hidden attractors. European Physical Journal-Special Topics, 2021, 230 (7-8): 1863-1871.

[14] Pan Z, Wang Y, Shuai K. Global attractors for a class of weakly damped wave equations with gradient type nonlinearity. Journal of Nonlinear Mathematical Physics, 2023(30): 269-286.

[15] Yang Q, Wei Z, Chen G. An unusual 3D autonomous quadratic chaotic system with two stable node-foci. International Journal of Bifurcation and Chaos, 2010, 20(4): 1061-1083.

[16] Zhang Z H. Hopf bifurcation analysis and control of a new lorenz-like system. The 26th Chinese Control and Decision Conference, 2014, 1597-1601.

[17] Liu Y, Zhou Y, Guo B. Hopf bifurcation, periodic solutions, and control of a new 4d hyper chaotic system. Mathematics, 2023(11): 2699.

[18] Lu Y, Xiao M, Liang J, et al. Hybrid control synthesis for turing instability and hopf bifurcation of marine planktonic ecosystems with diffusion. IEEE Access, 2021(9): 111326-111335.

[19] Li J, Wu H, Cui N. Bifurcation, chaos, and their control in a wheelset model. Mathematical Methods in the Applied Sciences, 2020, 43(12): 7152-7174.

[20] Marwan M, Ahmad S, Aqeel M, et al. Control analysis of rucklidge chaotic system. Journal of Dynamic Systems Measurement and Control-Transactions of the ASME, 2019, 141(4): 041010.

[21] Hassard B D, Kazarinoff N D, Wan Y H. Theory and applications of Hopf bifurcation. Cambridge: CUP Archive, 1981.

[22] Cai P, Yuan Z. Hopf bifurcation and chaos control in a new chaotic system via hybrid control strategy. Chinese Journal of Physics, 2017, 55(1): 64-70.

[23] DeJesus E X, Kaufman C. Routh-Hurwitz criterion in the examination of eigenvalues of a system of nonlinear ordinary differential equations. Physical Review A, 1987, 35(12): 5288.

第 **4** 章

新型 4D 超混沌系统

4.1
4D 超混沌系统简介

1979 年，Rossler[1] 发现并研究了第一个超混沌系统，Rossler 系统。而对于超混沌系统而言，嵌入超混沌吸引子的相空间的最小维数应超过 3，这意味着超混沌是一种比混沌更复杂的动力学现象。在此之后，许多四维超混沌系统被发现和研究 [2, 3]，特别是四维超混沌 Lorenz 型系统 [4, 5]。Jia[6] 利用状态反馈控制构造了一个超混沌 Lorenz 型系统，并利用 Lyapunov 指数和分岔图研究了其相关动力学。Wang 等人 [7] 采用分岔方法和 Lyapunov 稳定性理论描述了一个新的四维均匀超混沌 Lorenz 型系统。由于系统过于敏感，必须使用更有效的方法来分析和研究高维超混沌系统的复杂动力学。Pecora[8] 提出，高维超混沌系统比混沌系统更安全，因为它们具有更高的随机性和更高的不可预测性。文献 [9, 10] 给出一些关于研究超混沌系统分岔和稳定性分析的工具和技术，但关于吸引子存在性的分析方法却少有介绍，必须依靠一些图形工具来进行辅助解析。

从实际应用和工程的角度来看，超混沌系统应该具有更高的复杂性[11]。Mahmoud 等人 [12] 通过扩展添加状态反馈控制和引入复周期力的思想，构建了一个新的超混沌复 Lorenz 系统。Yu 等人 [13] 提出了一种新的 4D 四翼忆阻器超混沌系统，该系统在四翼 Chen 系统中结合了磁控管忆阻器和线性忆阻器。Singh 和 Roy[14] 通过引入线性状态反馈控制，提出了 4D 广义 Lorenz 第一状态方程的超混沌系统。他们针对两个新的实和复非平衡点超混沌系统，使用收缩理论设计同步技术，发现系统存在隐藏的混沌吸引子。Fonzin 等人 [15] 分析了一个仅由七个部分项和一个双曲正弦型非线性函数组成的简化超混沌规范蔡氏振子（SHCCO）。他们发现该系统是自激的，利用 Lyapunov 指数谱揭示了系统的丰富动力学行为，包括超混沌、环面、倍周期混沌路径以及在调整系统控制参数时的滞后现象。基于双参数李雅普诺夫图，在各种双参数空间中突出了超混沌动力学存在的广泛范围。其中以引力盆为论据对滞后窗口的分析表明，SHCCO 表现出三个共存的吸引子。Rahim 等人 [16] 认识到超混沌系统的动态丰富性和复杂性随着非线性控制器的加入而增加。单变量时，系统会产生不同的多稳态区域。分岔图和盆地横截面可以量化共存吸引子的存在。针对控制参数的阈值，该研究实现了一种非线性控制器，可以在相空间的负区域中移动共存吸引子并将其合并到正区域。此外，也有一些学者构建了他们的超混沌系统。Ouannas 等人 [17] 针对分数阶系统研究了具有不同维数和不同阶特征的非同一系统的逆全状态混合函数投影同步（IFSHFPS）。基于不同维数的主系统和从系统，该研究达到了每个主系统状态能够与从系统状态的线性组合同步，其中线性组合的缩放因子可以是任意可微函数。

Hopf 分岔现象可以通过 Hopf 分岔的反控制来提前或延迟，以满足工程的实际需要，Hopf 分岔的反控制是混沌应用中常用的手段。目前，关于低维混沌系统 Hopf 分岔反控制的研究成果很少，控制过程复杂，控制效果不突出。Yan 等人 [18] 构造了一个四维自治超混沌系统，通过功率谱、庞加莱映射、0-1 检验和 Lyapunov 指数研究了系统的基本特性，该系统具有突发振荡、偏移增强、瞬态混沌、间歇混沌和吸引子共存等丰富的动力学行为。Rehman 等人 [19] 依赖于一阶滑模和自适应积分滑模提出的控制策略，实现了同一金融混沌系统的完全同步和反同步。在第一种情况下，系统参数应该是已知的，一阶滑模控制用于同步和反同步，而在第二种情况下系统参数被认为是未知的。在参数未知的情况下，采用自适应积分滑模控制策略对系统进行同步和反同步。误差系统被转化为一个包含标称部分和几个未知项的特定结构，以利用自适应积分滑模控制。Zhu 等人 [20] 以具有共存吸引子的高维混沌系统为例，采用动态反馈控制方法实现了系统 Hopf 分岔的反控制。

Feki[21] 利用驱动响应概念研究了一类连续时间混沌系统的同步问题。他设计了一种基于自适应观测器的响应系统，用于与给定的混沌驱动系统同步，该混沌驱动系统的动力学模型受未知参数的影响；利用 Lyapunov 稳定性理论，推导出了一个自适应律来估计未知参数，证明了同步是渐进实现的。Dou 等人 [22] 研究了一种新型超混沌系统的反同步问题。基于主动控制理论，该研究不仅实现了两个相同超混沌系统之间的反同步，而且实现了两种不同超混沌系统间的反同步。Cai 等人 [23] 在考虑外部不确定性的情况下，通过自适应脉冲控制器在两个不同的金融超混沌系统之间改进了函数投影同步；基于 Lyapunov 稳定性定理和脉冲系统的稳定性分析，给出了未知参数的更新规律，并推导了充分条件；最后，以两个金融超混沌系统为例，通过数值算例说明了上述主要结果。Chen 等人[24] 采用滑模控制研究了具有未知不确定性和扰动的多混沌系统的两类同步问题，讨论了改进的投影同步和传输同步。他们对于改进的投影同步问题，设计了滑模控制器，以确保在外部干扰的影响下，多个响应系统与一个驱动系统同步；对于传输同步问题，基于自适应滑模控制，选择一个积分滑动面，并推导出自适应律，以解决此类系统的未知不确定性和干扰。

这一章是在上一章新型 3D 混沌系统的基础上，添加一个线性控制器，得到了一个新型的 4D 超混沌系统[25]。本章 4.2 节描述了新型 4D 系统的是否为超混沌系统的数值模拟结果。研究主要采用 Runge-Kutta 算法进行数值模拟；此外，还利用分岔图、相位图、Lyapunov 指数谱和 Poincaré 点图对系统特性（如混沌和超混沌）进行了数值验证。4.3 节给出了新混沌系统的 Hopf 分岔条件。4.4 节利用 Normal Form 理论计算了系统分岔周期解的稳定性和 Hopf 分岔方向公式；此外，还用两个实例检验和验证了理论结果。4.5 节研究了此系统的超混沌控制[26]。结果表明，如果选择适当的反馈系数，线性反馈控制方法可以对系统进行合理控制，使系统在平衡点处由混沌转变为稳定状态。

4.2
系统模型描述

通过在第 3 章系统 (3.3) 所给出的系统中添加一个线性控制器，引入了以下新的四维超混沌系统

$$\begin{cases} \dot{x} = a(y-x) \\ \dot{y} = cy - xz + p \\ \dot{z} = -bz + y^2 \\ \dot{p} = -e(x+y) \end{cases} \tag{4.1}$$

式中，x、y、z、p 为状态变量；a、b、c、e 为系统参数；同时参数 e 也是新型 4D 系统 (4.1) 的主要控制参数。

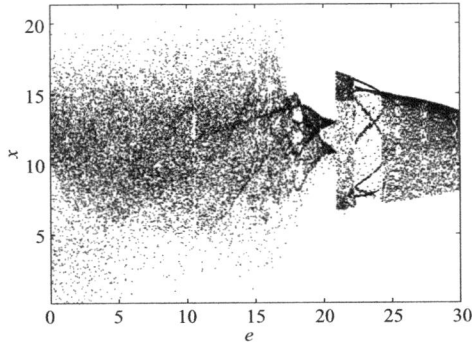

图 4.1　参数 a=40、b=2 和 c=22 时系统 (4.1) 的分岔图

本节讨论了系统 (4.1) 的一些特性，并通过数值方法给出了更多的仿真结果。这里取参数为 $a = 40$、$b = 2$ 和 $c = 22$，系统 (4.1) 的动力学可以用 Lyapunov 指数来表征，相应的分岔图如图 4.1 所示。同时应用 Jacobian 方法来计算 Lyapunov 指数，系统 (4.1) 的 Lyapunov 指数谱如图 4.2 所示。

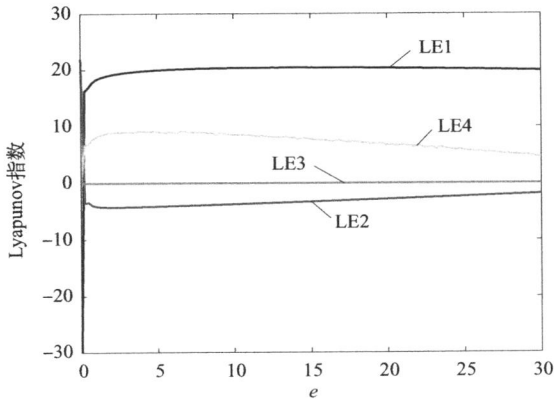

图 4.2　参数 a=40、b=2 和 c=22 时系统 (4.1) 的 Lyapunov 指数谱

根据图 4.1 和图 4.2 的对应关系，当参数 $e = 0.5$ 时，新 4D 系统 (4.1) 的 Lyapunov 指数为 $L_1 = 16.9402$、$L_2 = -3.4133$、$L_3 = 0$ 和 $L_4 = 6.9890$。

可以看出 $L_1 > 0$、$L_4 > 0$ 和 $L_3 = 0$。因此，系统 (4.1) 在参数 $a = 40$、$b = 2$、$c = 22$ 和 $e = 0.5$ 处是超混沌的。在这种情况下，系统 (4.1) 具有超混沌吸引子，如图 4.3 所示。此外，在 $x - y$ 和 $z - p$ 平面的 Poincaré 点图如图 4.4 所示。

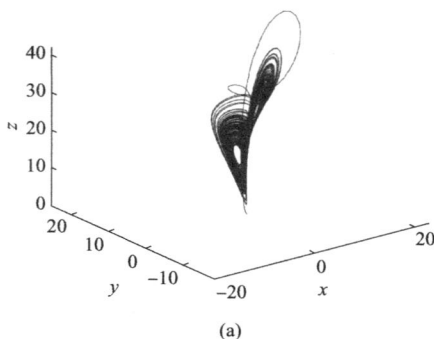

(a)

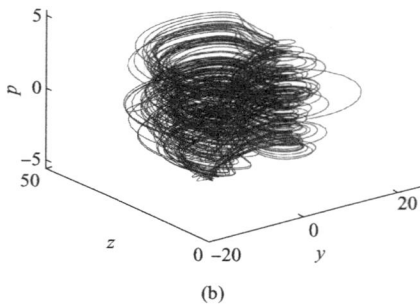

(b)

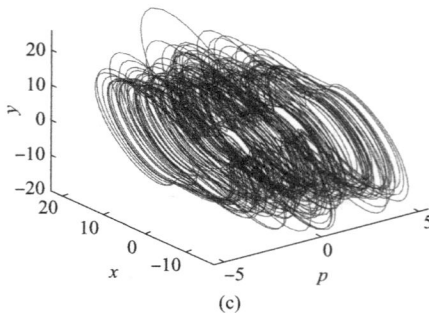

(c)

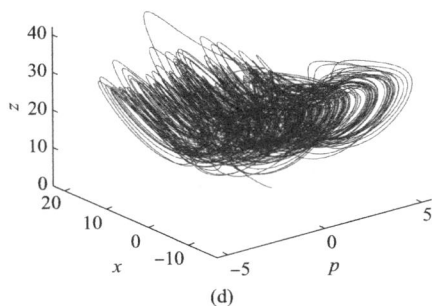

(d)

图 4.3　参数 a=40、b=2、c=22 和 e=0.5 时系统 (4.1) 的相轨迹

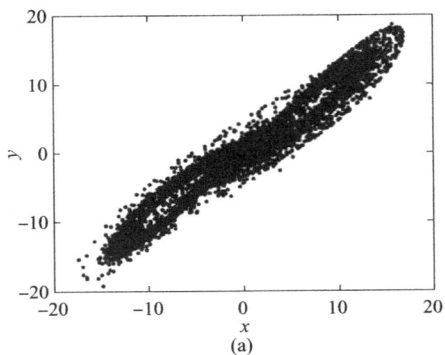

(a)

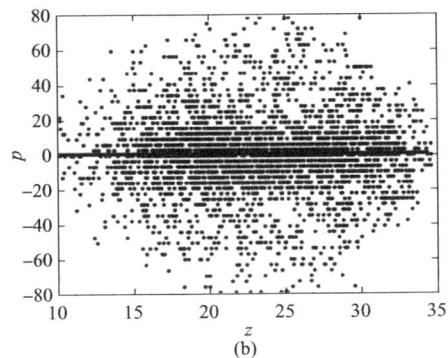

(b)

图 4.4　参数 a=40、b=2、c=22 和 e=0.5 时系统 (4.1) 的 Poincaré 点图
(a) x-y 平面；(b) z-p 平面

　　总的来说，上述结果表明系统 (4.1) 是一个超混沌系统，能形成超混沌双卷吸引子。此新型 4D 超混沌系统有 4 个参数，包含一个二次项，

具有复杂而有趣的动力学行为，值得更深入地研究。

4.3
Hopf 分岔的稳定性和存在性分析

4.3.1 平衡点的稳定性

新型 4D 超混沌系统 (4.1) 的平衡点可以通过求解以下方程得到

$$\begin{cases} a(y-x)=0 \\ cy-xz+p=0 \\ -bz+y^2=0 \\ -e(x+y)=0 \end{cases} \tag{4.2}$$

通过简单的分析，可以很容易地得到系统 (4.1) 的唯一平衡点 $E_0(0,0,0,0)$。

系统 (4.1) 在平衡点 $E_0(0,0,0,0)$ 的 Jacobian 矩阵如下

$$J(E_0) = \begin{pmatrix} -a & a & 0 & 0 \\ 0 & c & 0 & 1 \\ 0 & 0 & -b & 0 \\ -e & -e & 0 & 0 \end{pmatrix} \tag{4.3}$$

再由 Jacobian 矩阵 (4.3) 可以得到以下行列式

$$\left| \lambda E - J(E_0) \right| = \begin{vmatrix} \lambda+a & -a & 0 & 0 \\ 0 & \lambda-c & 0 & -1 \\ 0 & 0 & \lambda+b & 0 \\ e & e & 0 & \lambda \end{vmatrix} \tag{4.4}$$

此时系统 (4.1) 的特征方程为

$$f(\lambda) = (\lambda+b)\lambda^3 + (a-c)\lambda^2 + (e-ac)\lambda + 2ae = \lambda^4 + (a+b-c)\lambda^3 +$$
$$(e-ac-bc+ab)\lambda^2 + (2ae+be-abc)\lambda + 2abe = 0 \tag{4.5}$$

利用 Routh-Hurwitz 判别条件 [27] 可以得到如下关系

$$f(\lambda) = P_0\lambda^4 + P_1\lambda^3 + P_2\lambda^2 + P_3\lambda + P_4 = 0 \tag{4.6}$$

通过考虑式 (4.5) 与式 (4.6) 的一一对应关系可得

$$P_0 = 1, \quad P_1 = a + b - c, \quad P_2 = e - ac - bc + ab,$$

$$P_3 = 2ae + be - abc, \quad P_4 = 2abe \tag{4.7}$$

并将式 (4.7) 代入行列式 (4.4) 如下

$$D = \begin{vmatrix} P_1 & P_3 & 0 & 0 \\ P_0 & P_2 & P_4 & 0 \\ 0 & P_1 & P_3 & 0 \\ 0 & P_0 & P_2 & P_4 \end{vmatrix} \tag{4.8}$$

分析计算，系统的所有特征值实部为负的充分必要条件由以下不等式给出

$$D_1 = P_1 = a + b - c > 0 \tag{4.9}$$

$$D_2 = \begin{vmatrix} P_1 & P_3 \\ P_0 & P_2 \end{vmatrix} = P_1P_2 - P_0P_3 > 0 \tag{4.10}$$

$$D_3 = P_3D_2 - P_4P_1^2 > 0 \tag{4.11}$$

$$D_4 = D = P_4D_3 > 0 \tag{4.12}$$

计算不等式 (4.9) ～ 不等式 (4.12)，得到如下条件

$$b > 0, \quad e > ac, \quad a > c, \quad ae > 0, \quad ac^2 - a^2c + ae - ce > 0 \tag{4.13}$$

因此，当 $e = \dfrac{ac(c-a)}{a+c}$ 时，新型 4D 超混沌系统将发生分岔。故而，此时参数 e 是一个临界值，此时记 $e = e_0$。

4.3.2 Hopf 分岔的存在性分析

设系统 (4.1) 有一对纯虚根 $\lambda = \omega\mathrm{i}, \left(\omega \in \mathbb{R}^+\right)$。由式 (4.5) 可得

$$\omega = \omega_0 = \sqrt{e - ac}, \quad e = e_0 = \frac{ac(c-a)}{a+c} \tag{4.14}$$

将参数 $e = e_0$ 代入特征方程 (4.5)，计算得到如下特征根

$$\lambda_1 = -b, \quad \lambda_2 = c - a, \quad \lambda_3 = i\omega_0, \quad \lambda_4 = -i\omega_0 \tag{4.15}$$

因此，系统 (4.1) 满足 Hopf 分岔定理的第一个条件。然后对平衡点 E_0 的特征方程关于参数 e 求导可得

$$3\lambda^2 \frac{\mathrm{d}\lambda}{\mathrm{d}e} + 2(a-c)\lambda \frac{\mathrm{d}\lambda}{\mathrm{d}e} + (e-ac)\frac{\mathrm{d}\lambda}{\mathrm{d}e} + 2a + \lambda = 0 \tag{4.16}$$

$$\lambda'(e) = \frac{\mathrm{d}\lambda}{\mathrm{d}e} = -\frac{2a+\lambda}{3\lambda^2 + 2(a-c)\lambda + e - ac} \tag{4.17}$$

将分岔值与特征值代入上式 (4.17) 可得

$$\alpha'(0) = \mathrm{Re}\left[\lambda'(e_0)\right]\Big|_{\lambda=\sqrt{e-ac}\,i} = \frac{(a+c)^2}{4ac^2 + 2(a-c)^2(a+c)} > 0 \tag{4.18}$$

$$\omega'(0) = \mathrm{Im}\left[\lambda'(e_0)\right]\Big|_{\lambda=\sqrt{e-ac}\,i} = \frac{2a^2 - ac - c^2}{8ac^3 + 4c(a+c)(a-c)^2}\sqrt{2a(a+c)} \neq 0 \tag{4.19}$$

故满足了 Hopf 分岔定理的第二个条件。

从而，新的混沌系统同时满足 Hopf 分岔存在性定理的两个条件[28]，即当参数 $e = e_0$ 时，系统在平衡点 E_0 处存在 Hopf 分岔。

4.4
分岔周期解的方向和稳定性

本节的主要目的是求解系统 (4.1) 中 Hopf 分岔的周期解方向和稳定性，采用了基于 Normal Form 理论和中心流形定理的方法[29]。

首先，设如下方程求解矩阵的特征向量

$$\begin{cases} (\lambda+a)u_1 - au_2 = 0 \\ (\lambda-c)u_2 - u_4 = 0 \\ (\lambda+b)u_3 = 0 \\ eu_1 + eu_2 + \lambda u_3 = 0 \end{cases} \tag{4.20}$$

令 v_1、v_2 和 v_3 分别表示对应于特征值 $\lambda_1 = -b$、$\lambda_2 = c - a$ 和 $\lambda_3 = i\omega_0$ 的特征向量。计算可得

$$v_1 = \begin{pmatrix} 0 \\ 0 \\ 1 \\ 0 \end{pmatrix}, \quad v_2 = \begin{pmatrix} \dfrac{a}{c} \\ 1 \\ 0 \\ -a \end{pmatrix}, \quad v_3 = \begin{pmatrix} -\dfrac{ac}{e} + \dfrac{c}{e}\sqrt{e - ac}\,i \\ 1 \\ 0 \\ -c + \sqrt{e - ac}\,i \end{pmatrix} \tag{4.21}$$

用特征向量表达式定义一矩阵 Q 如下

$$Q = \left(\mathrm{Re}\,v_3, -\mathrm{Im}\,v_3, v_1, v_2 \right) = \begin{pmatrix} -\dfrac{ac}{e} & -\dfrac{c}{e}\sqrt{e - ac} & 0 & \dfrac{a}{c} \\ 1 & 0 & 0 & 1 \\ 0 & 0 & 1 & 0 \\ -c & -\sqrt{e - ac} & 0 & -a \end{pmatrix} \tag{4.22}$$

系统 (4.1) 作如下线性变换，得到 x、y、z、p 和 x_1、y_1、z_1、p_1 之间的关系

$$\begin{pmatrix} x \\ y \\ z \\ p \end{pmatrix} = Q \begin{pmatrix} x_1 \\ y_1 \\ z_1 \\ p_1 \end{pmatrix} \tag{4.23}$$

$$\begin{pmatrix} x \\ y \\ z \\ p \end{pmatrix} = \begin{pmatrix} -\dfrac{ac}{e}x_1 - \dfrac{c}{e}\sqrt{e - ac}\,y_1 + \dfrac{a}{c}p_1 \\ x_1 + p_1 \\ z_1 \\ -cx_1 - \sqrt{e - ac}\,y_1 - ap_1 \end{pmatrix} \tag{4.24}$$

将式 (4.24) 求导，代入系统 (4.2)，得到变换后的新系统表达式，如下

$$\begin{cases} \dot{x}_1 = -\sqrt{e - ac}\,y_1 + F_1\left(x_1, y_1, z_1, p_1\right) \\ \dot{y}_1 = \sqrt{e - ac}\,x_1 + F_2\left(x_1, y_1, z_1, p_1\right) \\ \dot{z}_1 = -bz_1 + F_3\left(x_1, y_1, z_1, p_1\right) \\ \dot{p}_1 = \left(c - a\right)p_1 + F_4\left(x_1, y_1, z_1, p_1\right) \end{cases} \tag{4.25}$$

其中，

$$F_1\left(x_1, y_1, z_1, p_1\right) = -k\left(\frac{ac}{e}x_1z_1 + \frac{c}{e}\sqrt{e-ac}\,y_1z_1 - \frac{a}{c}z_1p_1\right) \tag{4.26}$$

$$F_2\left(x_1, y_1, z_1, p_1\right) = \left[(c-a)k-a\right]\left(\frac{ac}{e}x_1z_1 + \frac{c}{e}\sqrt{e-ac}\,y_1z_1 - \frac{a}{c}z_1p_1\right) \tag{4.27}$$

$$F_3\left(x_1, y_1, z_1, p_1\right) = x_1^2 + p_1^2 + 2x_1p_1 \tag{4.28}$$

$$F_4\left(x_1, y_1, z_1, p_1\right) = (k+1)\left(\frac{ac}{e}x_1z_1 + \frac{c}{e}\sqrt{e-ac}\,y_1z_1 - \frac{a}{c}z_1p_1\right) \tag{4.29}$$

$$k = \frac{ae+ac^2}{c^3-ae-2ac^2} \tag{4.30}$$

利用公式[30]，可以得到系统 (4.25) 在 $e=e_0$ 与 $(x_1, y_1, z_1, p_1)=(0,0,0,0)$ 处的相关表达式

$$g_{11} = \frac{1}{4}\left[\frac{\partial^2 F_1}{\partial x_1^2} + \frac{\partial^2 F_1}{\partial y_1^2} + \mathrm{i}\left(\frac{\partial^2 F_2}{\partial x_1^2} + \frac{\partial^2 F_2}{\partial y_1^2}\right)\right] = 0 \tag{4.31}$$

$$g_{02} = \frac{1}{4}\left[\frac{\partial^2 F_1}{\partial x_1^2} - \frac{\partial^2 F_1}{\partial y_1^2} - 2\frac{\partial^2 F_2}{\partial x_1 \partial y_1} + \mathrm{i}\left(\frac{\partial^2 F_2}{\partial x_1^2} - \frac{\partial^2 F_2}{\partial y_1^2} + 2\frac{\partial^2 F_1}{\partial x_1 \partial y_1}\right)\right] = 0 \tag{4.32}$$

$$g_{20} = \frac{1}{4}\left[\frac{\partial^2 F_1}{\partial^2 x_1^2} - \frac{\partial^2 F_1}{\partial^2 y_1^2} + 2\frac{\partial^2 F_2}{\partial x_1 \partial y_1} + \mathrm{i}\left(\frac{\partial^2 F_2}{\partial^2 x_1^2} - \frac{\partial^2 F_2}{\partial^2 y_1^2} - 2\frac{\partial^2 F_1}{\partial x_1 \partial y_1}\right)\right] = 0 \tag{4.33}$$

$$\begin{aligned}G_{21} = \frac{1}{8}\Big[&\frac{\partial^3 F_1}{\partial x_1^3} + \frac{\partial^3 F_1}{\partial x_1 \partial y_1^2} + \frac{\partial^3 F_2}{\partial x_1^2 \partial y_1} + \frac{\partial^3 F_2}{\partial y_1^3} + \\ &\mathrm{i}\left(\frac{\partial^3 F_2}{\partial x_1^3} + \frac{\partial^3 F_2}{\partial x_1 \partial y_1^2} - \frac{\partial^3 F_1}{\partial x_1^2 \partial y_1} - \frac{\partial^3 F_1}{\partial y_1^3}\right)\Big] = 0\end{aligned} \tag{4.34}$$

考虑维度 $n=4>2$，计算出以下变量

$$h_{11}^1 = \frac{1}{4}\left(\frac{\partial^2 F_3}{\partial x_1^2} + \frac{\partial^2 F_3}{\partial y_1^2}\right) = \frac{1}{4}\,, \quad h_{11}^2 = \frac{1}{4}\left(\frac{\partial^2 F_4}{\partial x_1^2} + \frac{\partial^2 F_4}{\partial y_1^2}\right) = 0\,,$$

$$h_{20}^1 = \frac{1}{4}\left(\frac{\partial^2 F_3}{\partial x_1^2} - \frac{\partial^2 F_3}{\partial y_1^2} - 2\mathrm{i}\frac{\partial^2 F_3}{\partial x_1 \partial y_1}\right) = \frac{1}{4}\,, \quad h_{20}^2 = \frac{1}{4}\left(\frac{\partial^2 F_4}{\partial x_1^2} - \frac{\partial^2 F_4}{\partial y_1^2} - 2\mathrm{i}\frac{\partial^2 F_4}{\partial x_1 \partial y_1}\right) = 0$$

由如下方程

$$Dw_{11} = -h_{11}, \quad (D - 2i\omega_0 I)w_{20} = -h_{20} \tag{4.35}$$

其中，

$$h_{11} = \begin{pmatrix} h_{11}^1 \\ h_{11}^2 \end{pmatrix}, \quad h_{20} = \begin{pmatrix} h_{20}^1 \\ h_{20}^2 \end{pmatrix} \tag{4.36}$$

计算得到下列结果

$$w_{11} = \begin{pmatrix} w_{11}^1 \\ w_{11}^2 \end{pmatrix} = \begin{pmatrix} \dfrac{b}{4} \\ 0 \end{pmatrix}, \quad w_{20} = \begin{pmatrix} w_{20}^1 \\ w_{20}^2 \end{pmatrix} = \begin{pmatrix} \dfrac{c-a}{4} - \dfrac{\sqrt{e-ac}}{2}i \\ 0 \end{pmatrix} \tag{4.37}$$

此外

$$G_{110}^1 = \frac{1}{2}\left[\frac{\partial^2 F_1}{\partial x_1 \partial z_1} + \frac{\partial^2 F_2}{\partial y_1 \partial z_1} + i\left(\frac{\partial^2 F_2}{\partial x_1 \partial z_1} - \frac{\partial^2 F_1}{\partial y_1 \partial z_1} \right) \right]$$

$$= \frac{ack}{2e}(i-1) + \frac{c\sqrt{e-ac}}{2e}\left[k(c-a) - a \right](i+1) \tag{4.38}$$

$$G_{110}^2 = 0, \quad G_{101}^2 = 0 \tag{4.39}$$

$$G_{101}^1 = \frac{1}{2}\left[\frac{\partial^2 F_1}{\partial x_1 \partial z_1} - \frac{\partial^2 F_2}{\partial y_1 \partial z_1} + i\left(\frac{\partial^2 F_2}{\partial x_1 \partial z_1} + \frac{\partial^2 F_1}{\partial y_1 \partial z_1} \right) \right]$$

$$= \frac{ack}{2e}(-i-1) + \frac{c\sqrt{e-ac}}{2e}\left[k(c-a) - a \right](i-1) \tag{4.40}$$

$$g_{21} = G_{21} + \sum_{n=1}^{2}\left(2G_{110}^n w_{11}^n + G_{101}^n w_{20}^n \right)$$

$$= -\frac{2abc + ac(c-a) + 2ac\sqrt{e-ac}}{8e}k + \frac{2bc - c^2 + ac + 2c}{8e}\sqrt{e-ac} \times$$

$$\left[k(c-a) - a \right] + \frac{\left(2bc + c^2 - ac \right)\sqrt{e-ac} + 2c(e-ac)}{8e}\left[k(c-a) - a \right]i +$$

$$\frac{2abc - ac(c-a) + 2ac\sqrt{e-ac}}{8e}ki \tag{4.41}$$

根据这些计算和分析，得到以下结果

$$C_1(0) = \frac{i}{2\omega_0}\left(g_{20}g_{11} - 2|g_{11}|^2 - \frac{1}{3}|g_{02}|^2\right) + \frac{1}{2}g_{21} = \frac{1}{2}g_{21} \tag{4.42}$$

由此可得

$$\mu_2 = -\frac{\text{Re}\big[C_1(0)\big]}{\alpha'(0)}, \quad \beta_2 = 2\text{Re}\big[C_1(0)\big], \quad \tau_2 = -\frac{\text{Im}\big[C_1(0)\big] + \mu_2\omega'(0)}{\omega_0}$$

为验证上述分析，设 $a = 3$，$b = 2$，$c = -1$。

故临界值 $e_0 = 6$，且计算出下列值

$$\mu_2 = 5.13, \quad \beta_2 = -0.54, \quad \tau_2 \approx 0.35147 \tag{4.43}$$

因此，当参数 e 处于临界值时，系统在平衡点 $E_0(0, 0, 0, 0)$ 处的 Hopf 分岔是超临界的。参数 $e < e_0 = 6$ 时，系统的分岔周期解在轨道上是稳定的，如图 4.5 所示。参数 $e > e_0 = 6$ 时，系统具有稳态解，形成周期性轨道及极限环，如图 4.6 所示。

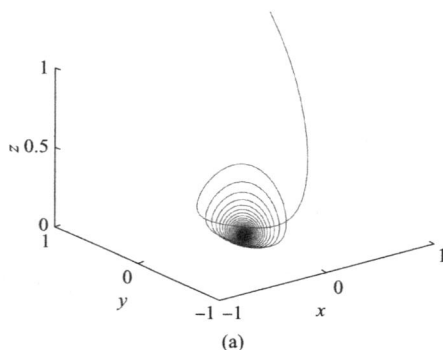

(a)

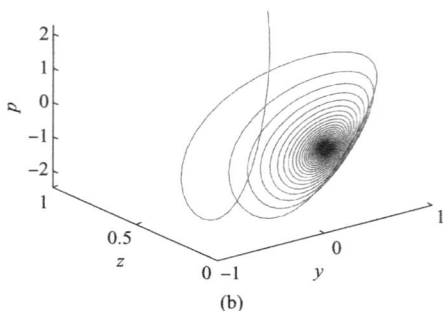

(b)

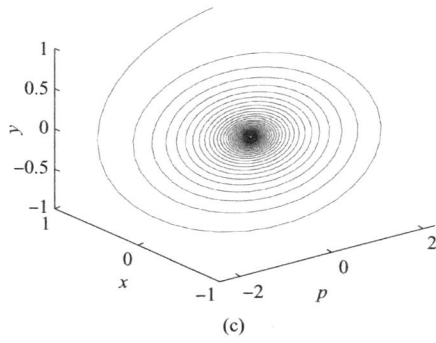

(c)

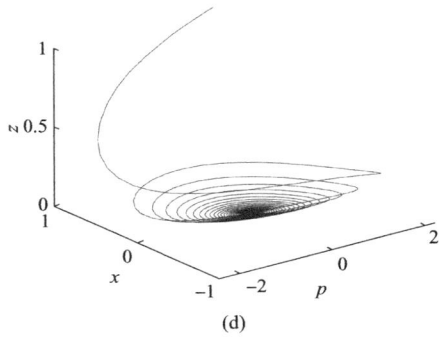

(d)

图 4.5　参数 a=3、b=2、c=−1 和 e=5 时系统 (4.1) 的相轨迹

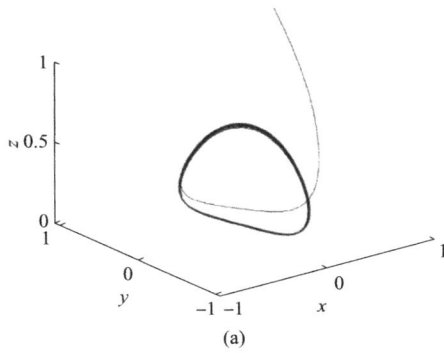

(a)

图 4.6

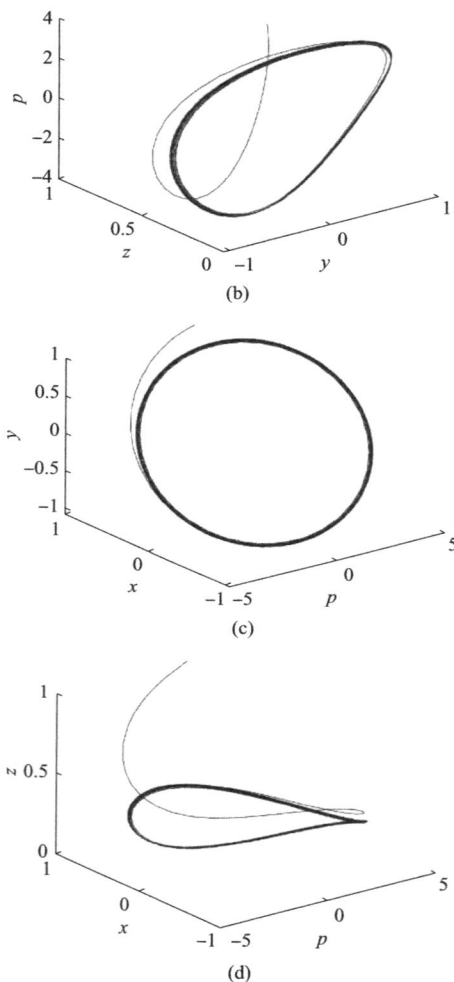

图4.6　参数 $a=3$、$b=2$、$c=-1$ 和 $e=8$ 时系统 (4.1) 的相轨迹

4.5

超混沌控制

　　在许多情况下，混乱通常是有害的，需要加以抑制。因此，学者们

广泛关注并发展了许多有价值的混沌控制方法，如混合控制策略 [29] 和最终有界性 [31] 等。超混沌系统更加复杂且不可预测，故超混沌控制是非常有必要的。本节的受控系统的方程如下

$$\begin{cases} \dot{x} = a(y-x) + r_1 x \\ \dot{y} = cy - xz + p + r_2 y \\ \dot{z} = -bz + y^2 + r_3 z \\ \dot{p} = -e(x+y) + r_4 p \end{cases} \tag{4.44}$$

式中 r_1、r_2、r_3 和 r_4 为反馈系数。系统 (4.45) 在零平衡点处的 Jacobian 矩阵为

$$\boldsymbol{J}_r = \begin{pmatrix} -a+r_1 & a & 0 & 0 \\ 0 & c+r_2 & 0 & 1 \\ 0 & 0 & -b+r_3 & 0 \\ -e & -e & 0 & r_4 \end{pmatrix} \tag{4.45}$$

由 Jacobian 矩阵可以得到以下行列式

$$|\lambda \boldsymbol{E} - \boldsymbol{J}_r| = \begin{vmatrix} \lambda+a-r_1 & -a & 0 & 0 \\ 0 & \lambda-c-r_2 & 0 & -1 \\ 0 & 0 & \lambda+b-r_3 & 0 \\ e & e & 0 & \lambda-r_4 \end{vmatrix} \tag{4.46}$$

求解可得特征方程为

$$f_r(\lambda) = R_4\lambda^4 + R_3\lambda^3 + R_2\lambda^2 + R_1\lambda + R_0 \tag{4.47}$$

其中，

$$R_0 = 2abe + acr_4 - 2aer_3 - ber_1 + er_1r_3 + abr_2r_4 - bcr_1r_4 - acr_3r_4$$
$$\quad - ar_2r_3r_4 + br_1r_2r_4 + cr_1r_3r_4 - r_1r_2r_3r_4$$

$$R_1 = 2ae - be - abc - er_1 + er_3 + bcr_1 + bcr_4 - abr_2 - abr_4 + acr_3 + acr_4 + ar_2r_4 +$$
$$\quad ar_2r_3 + ar_3r_4 + br_1r_2 + +br_1r_4 - cr_1r_3 - cr_1r_4 - cr_3r_4 + r_1r_2r_4 + r_1r_2r_3 - r_1r_3r_4 - r_2r_3r_4$$

$$R_2 = ab - ac - bc - e - ar_2 - ar_3 - ar_4 - br_1 - br_2 - br_4 + cr_1 + cr_3 + cr_4 +$$
$$\quad r_1r_2 + r_1r_3 + r_1r_4 + r_2r_3 + r_2r_4 + r_3r_4$$

$$R_3 = a + b - c - r_1 - r_2 - r_3 - r_4$$

$$R_4 = 1$$

根据 Routh-Hurwitz 判别条件 [32]，特征值的实部为负当且仅当

$$R_3R_2 - R_1 > 0 ， R_3(R_1R_2 - R_3R_0) - R_1^2 > 0 ， R_3 > 0 ， R_0 > 0 \quad (4.48)$$

情形 1：当 $a = 40$、$b = 2$、$c = 22$ 和 $e = 1$ 时，设 $r_{1,2,3,4} = -25$。

系统 (4.2) 对应的 Lyapunov 指数为

$$L_1 = 18.2980 ， L_2 = -4.0706 ， L_3 = 0 ， L_4 = 8.0878 \quad (4.49)$$

可以看出超混沌系统 (4.1) 仍为超混沌状态。

同时，受控系统 (4.44) 对应的 Lyapunov 指数为

$$L_1 = -3.2103 ， L_2 = -13.5230 ， L_3 = -23.3526 ， L_4 = -22.5437$$

$$(4.50)$$

故受控系统 (4.44) 在零平衡点是渐近稳定的。

情形 2：当 $a = 40$、$b = 2$、$c = 22$ 和 $e = 3$ 时，设 $r_{1,2,3,4} = -30$。

系统 (4.1) 对应的 Lyapunov 指数为

$$L_1 = 19.5457 ， L_2 = -4.1972 ， L_3 = 0 ， L_4 = 8.9684 \quad (4.51)$$

系统 (4.1) 为超混沌状态。受控系统 (4.44) 对应的 Lyapunov 指数为

$$L_1 = -8.3379 ， L_2 = -16.6337 ， L_3 = -29.2114 ， L_4 = -27.8364$$

$$(4.52)$$

同样地，受控系统 (4.44) 在零平衡点是渐近稳定的。

对于上述两种情况，超混沌系统 (4.1) 和受控系统 (4.44) 的时域波形图如图 4.7 和图 4.8 所示。通过选择适当的反馈系数，被控系统 (4.44) 在零平衡点处渐近稳定。

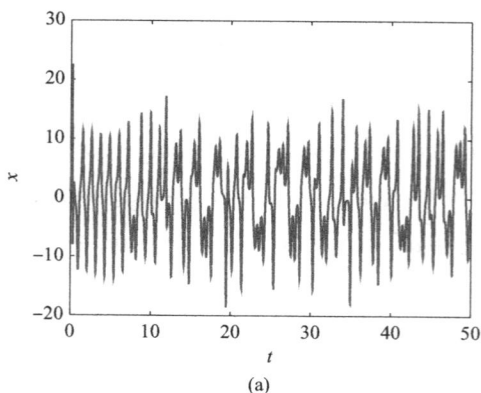

(a)

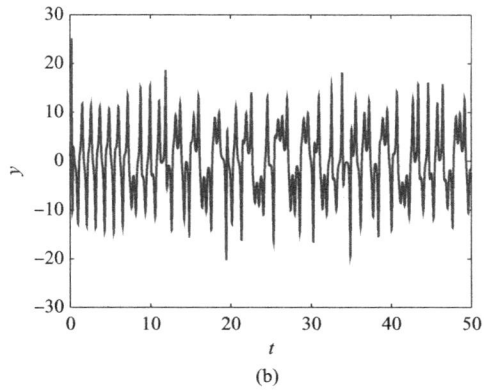

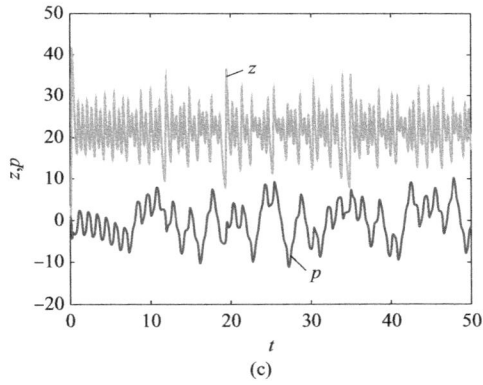

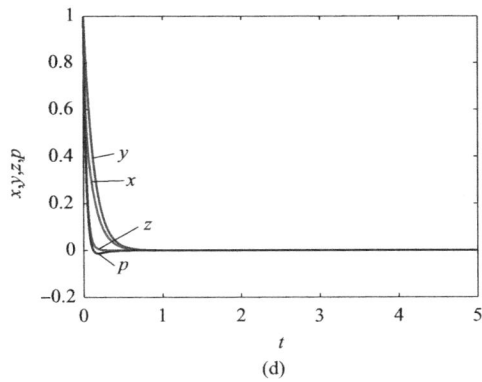

图 4.7　系统 (4.1) 在情形 1 下的时域波形图 (a)、(b)、(c) 和受控系统 (4.44) 在情形 1 下的时域波形图 (d)

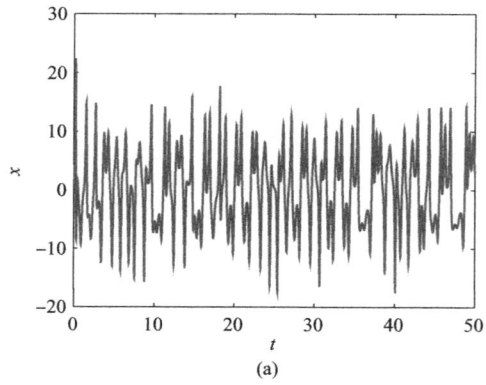

(a)

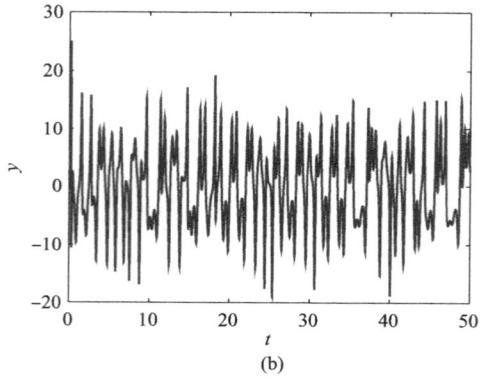

(b)

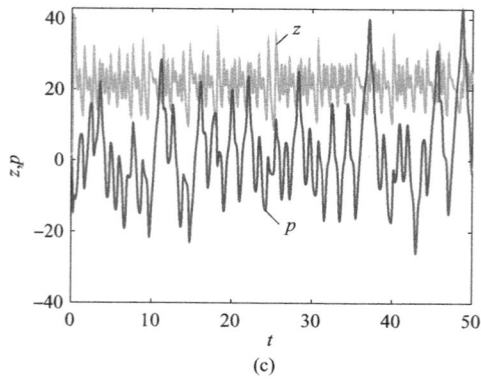

(c)

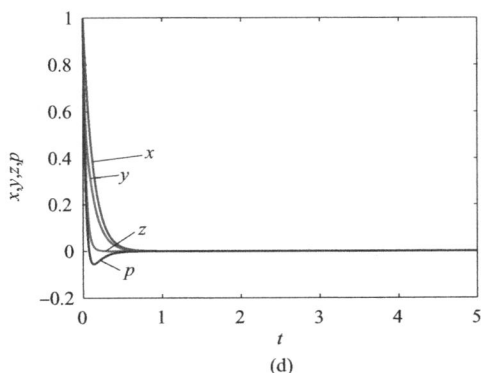

图 4.8　系统 (4.1) 在情形 2 下的时域波形图 (a)、(b)、(c) 和受控系统 (4.44) 在情形 2 下的时域波形图 (d)

4.6
本章小结

　　本章在上一章三维混沌系统的基础上引入线性控制器，提出了一种新的四维 (4D) 超混沌双翼系统；根据正态理论，从平衡点和稳定性、混沌和超混沌吸引子以及周期解等方面描述了新超混沌系统的动力学特性；此外，还研究了系统的超混沌控制和零平衡点的 Hopf 分岔特性；最后，利用 MATLAB 对超混沌系统进行了详细的动力学分岔分析，得到系统存在 。根据理论分析及计算结果，选择合适的反馈系数取值，获得被控系统 (4.44) 在零平衡点处是渐近稳定的。数值模拟包括时域波形、相位图、分岔图和 Poincaré 点图，用于分析和验证 4D 超混沌系统的复杂现象。

参考文献

[1]　Rossler O E. An equation for hyperchaos. Physics Letters A, 1979(71): 155-157.
[2]　Vaidyanathan S, Volos C, Pham V T, et al. Analysis, adaptive control and synchronization of a novel 4-D hyperchaotic hyperjerk system and its SPICE implementation. Archives of Control Sciences, 2015, 25 (1): 135-158.

[3] Yang J, Wei Z, Moroz I. Periodic solutions for a four-dimensional hyperchaotic system. Advances in Difference Equations, 2020(1): 1-9.

[4] Chen Y, Yang Q. A new Lorenz-type hyperchaotic system with a curve of equilibria. Mathematics and Computers in Simulation, 2015(112): 40-55.

[5] Leutcho G D, Wang H H, Fozin T F, et al. Dynamics of a new multistable 4D hyperchaotic Lorenz system and its applications. International Journal of Bifurcation and Chaos, 2022, 32 (1): 2250001.

[6] Jia Q. Hyperchaos generated from the Lorenz chaotic system and its control. Physics Letters A, 2007, 366 (3): 217-222.

[7] Wang H, Zhang F. Bifurcations, ultimate boundedness and singular orbits in a unified hyperchaotic Lorenz-type system. Discrete and Continuous Dynamical Systems-Series B, 2020, 25 (5): 1791-1820.

[8] Pecora L. Hyperchaos harnessed. Physics World, 1996, 9 (5): 17-17.

[9] Fiaz M, Aqeel M, Marwan M, Sabir M. Retardational effect and hopf bifurcations in a new attitude system of quad-rotor unmanned aerial vehicle. International Journal of Bifurcation and Chaos, 2021, 31 (9): 2150127.

[10] Panday P, Pal N, Samanta S, Chattopadhyay J. Stability and bifurcation analysis of a three-species food chain model with fear. International Journal of Bifurcation and Chaos, 2018, 28(1): 1850009.

[11] Ayub J, Aqeel M, Abbasi J N, et al. Switching of behavior: From hyperchaotic to controlled magnetoconvection model. AIP Advance, 2019, 9 (12): 125235.

[12] Mahmoud G M, Ahmed M E, Mahmoud E E. Analysis of hyperchaotic complex Lorenz systems. International Journal of Modern Physics C, 2008, 19 (10): 1477-1494.

[13] Yu F, Qian S, Chen X, et al. A new 4D four-wing memristive hyperchaotic system: dynamical analysis, electronic circuit design, shape synchronization and secure communication. International Journal of Bifurcation and Chaos, 2020, 30 (10): 2050147.

[14] Singh J P, Roy B K. Hidden attractors in a new complex generalised Lorenz hyperchaotic system, its synchronisation using adaptive contraction theory, circuit validation and application. Nonlinear Dynamics, 2018, 92 (2): 373-394.

[15] Fonzin T F, Ezhilarasu P M, Tabekoueng Z N. et al. On the dynamics of a simplified canonical Chua's oscillator with smooth hyperbolic sine nonlinearity: Hyperchaos, multistability and multistability control. Chaos, 2019, 29 (11): 113105.

[16] Rahim M F A, Natiq H, Fataf N A A, et al. Dynamics of a new hyperchaotic system and multistability. European Physical Journal Plus, 2019, 134 (10): 1-9.

[17] Ouannas A, Grassi G, Ziar T, et al. On a function projective synchronization scheme for non-identical fractional-order chaotic (hyperchaotic) systems with different dimensions and orders. Optik, 2017(136): 513-523.

[18] Yan S H, Wang E, Wang Q Y, et al. Analysis, circuit implementation and synchronization control of a hyperchaotic system. Physica Scripta, 2021(96): 125257.

[19] Rehman F U, Mufti M R, Farooq M U, et al. Synchronization and antisynchronization of identical 4D hyperchaotic financial system with external perturbation via sliding mode control technique. Complexity, 2022: 4272138.

[20] Zhu E, Xu M, Pi D. Anti-control of Hopf bifurcation for high-dimensional chaotic system with coexisting attractors. Nonlinear Dynamics, 2022(110): 867-1877.

[21] Feki M. An adaptive chaos synchronization scheme applied to secure communication. Chaos Solitons & Fractals, 2003, 18 (1): 141-148.

[22] Dou F Q, Sun J A, Duan W S, et al. Anti-synchronization of a new hyperchaotic system. Physica Scripta, 2008, 78 (1): 015007.

[23] Cai G L, Zhang L L, Yao L, et al. Modified function projective synchronization of financial hyperchaotic systems via adaptive impulsive controller with unknown parameters. Discrete Dynamics in Nature and Society, 2015: 572735.

[24] Chen X Y, Park J H, Cao J D, et al. Sliding mode synchronization of multiple chaotic systems with uncertainties and disturbances. Applied Mathematics and Computation, 2017(308): 161-173.

[25] Liu Y, Zhou Y, Guo B. Hopf Bifurcation, Periodic Solutions, and Control of a New 4D Hyperchaotic System. Mathematics, 2023, 11 (12): 2699.

[26] Cui N, Li J. A new 4D hyperchaotic system and its control. Aims Mathematics, 2023(8): 905-923.

[27] Guckenheimer J, Homles P. Nonlinear oscillations, Dynamical systems, and bifurcations of vector field. Applied Mathematical Sciences, 1983: 117-156.

[28] DeJesus E X, Kaufman C. Routh-Hurwitz criterion in the examination of eigenvalues of a system of nonlinear ordinary differential equations. Physical Review A, 1987, 35 (12): 5288.

[29] Cai P, Yuan Z Z. Hopf bifurcation and chaos control in a new chaotic system via hybrid control strategy. Chinese Journal of Physics, 2017, 55 (1): 64-70.

[30] Hassard B D, Kazarinoff N D, Wan Y H. Theory and applications of Hopf bifurcation. Cambridge: CUP Archive, 1981.

[31] Chien F, Chowdhury A R, Nik H S. Competitive modes and estimation of ultimate bound sets for a chaotic dynamical financial system. Nonlinear Dynamics, 2021(106): 3601-3614.

[32] 陈关荣. 混沌控制和反控制. 广西师范大学学报（自然科学版）, 2002, 20 (1): 1-5.

第 5 章
4D 复杂超混沌系统和被动控制

5.1
4D 复杂超混沌系统简介

Iskakova 等人[1] 发现了一种新的 4D 超混沌系统，并使用 Caputo 非局域算子分析了其存在的隐藏吸引子。Alkhayyat 等人[2] 设计了一种新型的 4D 超混沌系统，提出了一种基于所提出的超混沌系统和改进的混沌约瑟夫置换方案的密码替换盒的新构造方法，表明高维超混沌系统比混沌系统更安全。Vaidyanathan 等人[3] 研究了一个新的具有超混沌和隐藏吸引子的四维动力系统；通过在 3D Ma 混沌系统中引入反馈输入控制，得到了一个新的没有平衡点的 4D 超混沌系统；推导出了一个新的具有隐藏吸引子的超混沌系统；针对三个参数对新的超混沌模型进行了广泛的分岔分析以及概率密度分布分析。研究发现新的非线性超混沌系统表现出共存吸引子的多重稳定性。Ren 等人[4] 研究了整数和分数阶 4D 超混沌 Rabinovich 系统的动力学行为，使用 Lagrange 系数法解析求解了一个优化问题，从而为 4D 超混沌 Rabinovich 系统找到一个精确的极限集（UBS）；利用 Mittag-Leffler 函数和 Lyapunov 函数方法，估计了所提出系统的 Mittag-Lefler GAS 和 Mittag-Leffler PIS。研究表明，改变参数与系统的动态行为、Hamilton 能耗和改变变量的界限之间存在密切关系。Luo 和 Wang[5] 研究了三种不同混沌系统的有限时间随机组合同步，基于自适应技术和 Weiner 过程的性质，得到了一个新的充分条件来确保随机扰动下的组合同步；提出了一种基于三个不同系统（Lorenz 系统、Chen 系统和 Lu 系统）的自适应组合同步的安全通信方案，这些系统具有不确定性、未知参数和随机扰动。Zhou 等人[6] 研究了三个非线性复超混沌系统的组合同步：复超混沌 Lorenz 系统、复超混沌 Chen 系统和复超混沌 Lu 系统。基于 Lyapunov 稳定性理论，分别推导了实现三个相同或不同非线性复杂超混沌系统组合同步的相应控制器。Sudheer 和 Sabir[7] 采用自适应方法研究了超混沌 Lorenz 系统和超混沌 Lu 系统之间的修正函数投影同步，利用 Lyapunov 稳定性理论，推导了自适应控制律和参数更新律，使两个超混沌系统的状态修正函数投影同步。

  Liu 等人 [8] 讨论了由统一数学表达式描述的一般混沌复杂系统的修正函数投影同步（MFPS）。基于 Lyapunov 稳定性理论，设计了一种自适应控制器，用于同步 MFPS 意义上的两个一般不确定混沌复杂系统，并给出了估计系统未知参数的一些参数更新规律；此外，确定了控制系数可以自动适应更新的规律。Yassen[9] 通过使用主动控制提出了两个相同超混沌系统和两个不同超混沌系统的超混沌同步。该技术被应用于实现超混沌 Lu 系统和超混沌 Chen 系统的超混沌同步，也被应用于在超混沌 Lu 和超混沌 Chen 系统之间实现超混沌同步。Dou 等人 [10] 基于主动控制理论，研究了两个不同超混沌系统之间的反同步问题，推导了两个不同超混沌系统实现反同步的充分条件。同时，他们对超混沌 Lorenz-Chen 系统、超混沌 Lorenz-Lu 系统和超混沌 Chen-Lu 系统进行了数值模拟，以验证所提出的反同步方案的有效性和可行性。Ma 和 Wang[11] 提出了一种新的统一超混沌系统，该系统在其参数谱的两个极值处将超混沌 Lorenz 系统和超混沌 Chen 系统作为两个对偶系统。新系统在几乎整个系统参数范围内都是超混沌的，并且从超混沌 Lorenz 系统连续转换到超混沌 Chen 系统。Wang 等人 [12] 研究了具有不确定参数的两个不同超混沌系统之间的混沌同步问题，基于 Lyapunov 稳定性理论，得到了参数不确定的两个不同超混沌系统同步的充分条件。他们设计了一种新的具有参数更新规律的自适应控制器来同步这些混沌系统，同时进一步分析了一个不确定的超混沌 Lorenz 系统和一个不确定性的超混沌 Rössler 系统。Ojo 等人 [13] 基于主动控制技术，提出了不同阶混沌和超混沌系统的增阶广义同步（GS），设计了合适的控制函数，以实现一个新的三维（3D）混沌系统和四维（4D）超混沌 Lorenz 系统与四维超混沌 Lorenz 系统和五维（5D）超混沌 Lorenz 系统之间的 GS。Zhang 等人 [14] 基于模糊模型的超混沌系统同步设计，精确推导了超混沌系统的 T-S 模糊模型；基于 T-S 模糊超混沌模型，通过精确线性化技术设计了超混沌同步的模糊控制器。Sudheer 和 Sabir [15] 考虑了一种新的组合同步方案，通过将原始驱动系统的状态变量和适当的标度因子与响应超混沌系统相结合而形成新组合超混沌驱动系统的同步；将 Lorenz 系统的状态变量与适当的标度因子相结合，从超混沌 Lorenz 系统构建了一个自组合系统。

特别地，具有更复杂、更多变混沌特性的超混沌系统更敏感、更不可预测，因此它们被广泛应用于更多领域。Yu 等人 [16] 研究了基于超混沌伪随机数发生器（PRNG）和图像加密的两个重要工程应用。将耦合的 6D 忆阻超混沌系统和 2D SF-SIMM 离散超混沌映射用作双熵源结构，双熵源结构可以实现一种满足安全要求的新 PRNG，当使用 XOR 后处理方法时，它可以通过 NIST 统计测试；基于双熵源结构，提出了一种新的图像加密算法，该算法采用扩散扰扩散加密方案，实现了从原始明文图像到密文图像的转换。五维超混沌系统是一个具有五个状态变量的动态系统，在多个方向上表现出混沌行为。Alqahtani 等人 [17] 引入了一个具有常阶和变阶 Caputo 以及 Caputo-Fabrizio 分数导数的 5D 超混沌系统。通过仿真，分析了这些分数阶超混沌系统的混沌行为，并对常阶和变阶分数阶超闭环系统进行了比较。Hong 等人 [18] 利用广义细胞映射有向图（GCMD）方法研究了高维混沌系统中的危机。当超混沌吸引子在其分形边界上与混沌鞍碰撞时，就会发生危机，称为超混沌边界危机。在这种情况下，当控制参数通过临界值时，超混沌吸引子及其吸引盆突然被破坏，在危机后的相空间中留下一个超混沌鞍来代替原始的超混沌吸引子，也就是说，碰撞后超混沌吸引子被转换为超混沌鞍的增量部分。Patra 和 Banerjee[19] 展示了在 3D 分段线性范式映射中超混沌轨道出现的各种方式。证明超混沌轨道可以通过多种方式从周期轨道或准周期轨道产生，例如：通过边界碰撞分岔从周期轨道直接过渡到超混沌轨道；通过准周期和混沌轨道从周期轨道过渡到超混沌轨道；通过高维环面从锁模周期轨道到超混沌轨道的转变。他们还进一步分析了超混沌轨道分岔到不同超混沌轨道或三段超混沌轨道的分岔，并通过数值计算了参数空间区域中超混沌轨道的存在区域。Signing 等人 [20] 提出了一种基于超混沌行为和 DNA 编码的伪随机和复杂特性的联合加密技术，使用非线性分析工具研究了金融超混沌系统的整个动力学，以便更好地选择序列密钥，揭示多稳态和抵消增强等丰富的动态行为。

Xu 等人 [21] 利用基于离散时间观测的时滞反馈控制器，研究了超混沌金融系统的局部镇定问题；采用二次系统理论来表示非线性金融系统，并构建分段增广间断 Lyapunov-Krasovsky 泛函来分析闭环系统的稳定性；通过进一步引入一些先进的积分不等式，利用一组线性矩阵不等式的可行性，提出了一种稳定判据，使得超混沌金融系统可以在满足一定约束的任何初始条件下渐近稳定，对于没有时间延迟的情况，也得到了一个简化的标准；最后讨论了关于吸引域的优化问题，并将其转化为受线性矩阵不等式约束的最小化问题。对经济系统同步性的分析可以为世界不同国家或地区的金融同步发展提供有价值的见解。Bekiros 等人[22]提出了一种自适应固定时间控制策略，用于具有未知参数和外部扰动的驱动响应超混沌经济系统的函数投影同步。设计的控制器是通过结合固定时间控制方法和参数自适应技术构建的。具体而言，自适应调整机制被设计为分别估计未知参数和外部扰动。稳定性研究表明，在所设计的控制器下，函数投影同步误差可以在固定时间内稳定到零附近的小场域。Wang 等人[23]利用微分进化算法、高斯过程回归和神经网络，提出了一种新的算法来识别和预测对称混沌分数金融模型的参数。利用微分进化和高斯过程的组合来识别时变分数阶导数，继而，通过利用递归神经网络，对提出的方法进行推广和修改，以进行外推。Liu 等人[24]针对图像传输过程中的安全性和效率问题，提出了一种基于二维压缩感知和超混沌系统的图像压缩加密方案；构建了一个具有更复杂混沌行为的超混沌系统，用于构建压缩感知的测量矩阵，使用二维压缩感测来压缩图像。与一维传感相比，它实现了更快的执行效率和更好的图像重建质量。实验仿真结果表明，提出的算法具有较高的执行效率、较好的图像重建质量、较高的安全性和鲁棒性。Li 等人[25]提出了一种分数阶超混沌失谐激光系统（FHDLS），并将 FHDLS、改进的混洗算法和 DNA 变异扩散算法相结合，设计了一种具有高安全性能的新型图像加密系统。从给定参数的不同初始值分析了系统的吸引子共存现象，同时，通过相关性验证了所提出的 FHDLS 的随机性。

Wang 等人[26]研究了一个仅包含两个非线性项的简单超混沌系统，讨论了系统的复杂性质，获得了瞬态混沌和吸引子共存现象。此外，新系统具有可控尖峰数的振荡和周期对称的爆发现象。文中利用快慢系统分析了新系统在参数控制下的分岔机制，该系统表现出周期对称的 Fold/Hopf 爆发行为。最后，基于有限时间同步方法来控制新系统，得到了两个同步结果：原始快慢系统中快变量和慢变量的替换，以及系统中出现了多个尺度变量，否则将没有快慢系统。Xiu 等人 [27, 28] 先后设计了五维与由两个磁通控制忆阻器和一个电荷控制忆阻剂组成的六阶忆阻超混沌系统；结合 Lyapunov 指数谱、相轨迹图和分岔图，分析了系统的动态特性，探讨了系统控制参数和初始状态对系统动态行为的影响。Deng 等人 [29] 研究了一种在中红外区域完全发育的超混沌，它是由带间级联激光器在外部光学反馈下产生的。Lyapunov 分析表明，混沌表现出三个正 Lyapunov 指数。特别是，混沌信号覆盖了高达 GHz 的宽频范围，比现有的中红外混沌解宽两到三个数量级。带间级联激光器在分岔为超混沌之前会产生周期性振荡或低频波动。

本章是在一个复杂 3D 混沌系统的基础上添加了线性反馈控制器，设计了一个新型 4D 复杂超混沌系统。相比第 4 章的超混沌系统而言，更多的参数导致了系统动力学的不可预测性。本章 5.2 节讨论了新型复杂四维超混沌系统的耗散性和不变性，利用 MATLAB 并给出了新系统的数值模拟结果。数值模拟主要采用 Runge-Kutta 算法进行。此外，本部分利用分岔图、相轨迹图、Poincaré 点图、Lyapunov 指数谱和时域波形图对系统的混沌和超混沌等特性进行了数值验证和分析。5.3 节重点讨论了新型复杂超混沌系统的 Hopf 分岔条件。5.4 节利用 Normal Form 理论计算了分岔周期解的稳定性和 Hopf 分岔方向的显式公式，通过两个例子对理论结果进行了验证。5.5 节研究了系统的超混沌控制。结果表明，被动控制方法可以在合理的参数范围内有效地控制系统的超混沌行为 [30]。

5.2
系统模型性质

通过在三维混沌系统 [31] 中加入线性反馈控制器，引入如下新的四维超混沌系统

$$\begin{cases} \dot{x} = -ax + byz \\ \dot{y} = cy - dxz + rp \\ \dot{z} = -kz + mxy \\ \dot{p} = -e(x + y) \end{cases} \tag{5.1}$$

式中，x、y、z 和 p 为状态变量；a、b、c、d、r、k、m 和 e 为系统参数，并且 e 为系统 (5.1) 的主要控制参数。

5.2.1 不变性与耗散性

系统 (5.1) 关于坐标轴 z 的变换是不变的

$$(x, y, z, p) \rightarrow (-x, -y, z, -p) \tag{5.2}$$

超混沌系统的矢量场散度如下

$$\nabla V = \frac{\partial \dot{x}}{\partial x} + \frac{\partial \dot{y}}{\partial y} + \frac{\partial \dot{z}}{\partial z} + \frac{\partial \dot{p}}{\partial p} = -(a + k - c) \tag{5.3}$$

通过 Liouville 定理，得到

$$\frac{\mathrm{d}V(t)}{\mathrm{d}t} = \int_{\Sigma(t)} (c - a - k) \mathrm{d}x\mathrm{d}y\mathrm{d}z\mathrm{d}p = -(a + k - c) \tag{5.4}$$

其中，$\Sigma(t) = \Sigma_0(t)$ 和 $\Sigma_0(t)$ 为 V 的流动，$\Sigma(t)$ 的超体积为 $V(t)$ 且 $\Sigma(t)$ 为 R^4 中边界光滑的任意区域。对于初始体积 $V(0)$，通过对方程 (5.4) 积分，得到

$$V(t) = \exp\left[-(a + k - c)t\right]V(0) \tag{5.5}$$

当且仅当 $a + k - c > 0$ 时，系统 (5.1) 是耗散的。当 $t \rightarrow \infty$ 时，其以指数速率 $-(a + k - c)$ 收缩到零，此时系统 (5.1) 存在一个吸引子。

5.2.2 Lyapunov 指数

这里通过计算系统的 Lyapunov 指数来判断系统的混沌特性，以此初步讨论系统 (5.1) 的一些特征，并提供了数值方法的进一步模拟结果。

选取系统 (5.1) 的参数为 $a = 14$、$b = 12$、$c = 7$、$d = 4$、$r = 5$、$m = 9$ 和 $k = 2$，系统的动力学行为可以用 Lyapunov 指数来表示。借助于 Wolf 方法计算 Lyapunov 指数，可知图 5.1 为 4D 复杂超混沌系统 (5.1) 的 Lyapunov 指数谱，此时系统 (5.1) 的分岔图如图 5.2 所示。

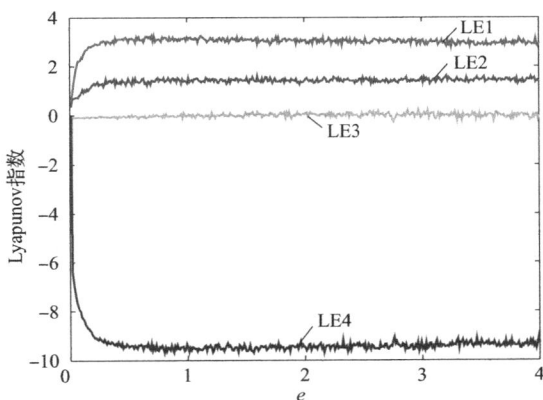

图 5.1　参数 a=14、b=12、c=7、d=4、r=5、m=9 和 k=2 时系统 (5.1) 的
Lyapunov 指数谱

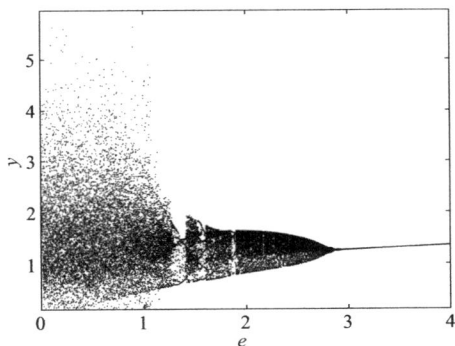

图 5.2　参数 a=14、b=12、c=7、d=4、r=5、m=9 和 k=2 时系统 (5.1) 的分岔图

　　根据图 5.1 和图 5.2 的对应关系，当参数 $e=0.5$ 时，新型 4D 复杂系统 式 (5.1) 的 Lyapunov 指数为 $L_1 = 2.859$、$L_2 = 1.4283$、$L_3 = 0$ 和 $L_4 = -9.277$。可以看出 $L_1 > 0$、$L_2 > 0$ 和 $L_3 = 0$。因此，系统 (5.1) 在参数 $a = 14$、$b = 12$、$c = 7$、$d = 4$、$r = 5$、$m = 9$、$k = 2$ 和 $e = 0.5$ 处是超混沌的。在这种情况下，系统 (5.1) 具有超混沌吸引子，如图 5.3 所示。此外，在 x-y 和 x-z 平面的 Poincaré 点图如图 5.4 所示。

　　上述结果表明系统 (5.1) 是一个超混沌系统，能形成超混沌双卷吸引子。新型超混沌系统 (5.1) 有 8 个系统参数，拥有更多参数的同时也赋予了其更加复杂且不可预测的动力学行为，值得进一步研究和探讨。

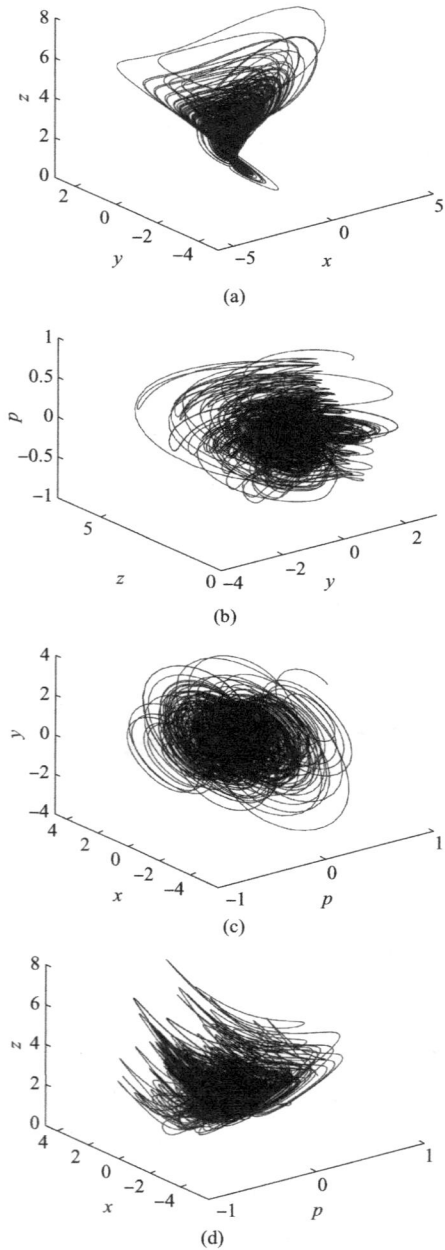

图 5.3　参数 a=14、b=12、c=7、d=4、r=5、m=9、k=2 和 e=0.5 时系统 (5.1) 的相轨迹图

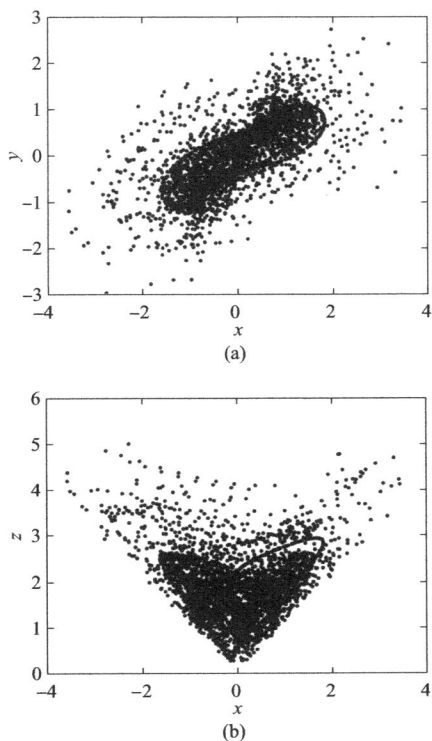

图 5.4　参数 a=14、b=12、c=7、d=4、r=5、m=9、k=2 和 e=0.5 时系统 (5.1)
的 Poincaré 点图
(a) x-y 平面；(b) z-p 平面

5.3
Hopf 分岔

本节将根据之前的理论推导和计算所得，继续探讨系统 (5.1) 的局部动力学特性，下面先给出系统平衡点处的稳定性结论。

5.3.1　平衡点的稳定性

系统 (5.1) 的平衡点可通过求解以下方程得到

$$\begin{cases} -ax + byz = 0 \\ cy - dxz + rp = 0 \\ -kz + mxy = 0 \\ -e(x + y) = 0 \end{cases} \tag{5.6}$$

经计算，系统 (5.1) 有三个平衡点

$$E_0(0,\ 0,\ 0,\ 0),$$

$$E_1\left(\sqrt{\frac{ak}{bm}},\ -\sqrt{\frac{ak}{bm}},\ -\frac{a}{b},\ \frac{-ad+bc}{br}\sqrt{\frac{ak}{bm}}\right),$$

$$E_2\left(-\sqrt{\frac{ak}{bm}},\ \sqrt{\frac{ak}{bm}},\ -\frac{a}{b},\ -\frac{-ad+bc}{br}\sqrt{\frac{ak}{bm}}\right)$$

系统 (5.1) 在平衡点 $E_0(0,\ 0,\ 0,\ 0)$ 的 Jacobian 矩阵由下式给出

$$\boldsymbol{J}\left(E_0\right) = \begin{pmatrix} -a & a & 0 & 0 \\ 0 & c & 0 & 1 \\ 0 & 0 & -b & 0 \\ -e & -e & 0 & 0 \end{pmatrix} \tag{5.7}$$

通过 Jacobian 矩阵可以得到以下行列式

$$\left|\lambda\boldsymbol{E} - \boldsymbol{J}\left(E_0\right)\right| = \begin{vmatrix} \lambda+a & -a & 0 & 0 \\ 0 & \lambda-c & 0 & -1 \\ 0 & 0 & \lambda+b & 0 \\ e & e & 0 & \lambda \end{vmatrix} \tag{5.8}$$

因此系统式 (5.1) 在平衡点 E_0 处的特征方程如下

$$\begin{aligned} f(\lambda) &= (\lambda+k)\left[\lambda^3 + (a-c)\lambda^2 + (er-ac)\lambda + aer\right] \\ &= \lambda^4 + (a+k-c)\lambda^3 + (er-ac+ak-ck)\lambda^2 + \\ &\quad (aer+ekr-abk)\lambda + aekr = 0 \end{aligned} \tag{5.9}$$

使用 Routh-Hurwitz 准则可以得到如下关系

$$f(\lambda) = P_0\lambda^4 + P_1\lambda^3 + P_2\lambda^2 + P_3\lambda + P_4 = 0 \tag{5.10}$$

式 (5.9) 和式 (5.10) 系数一一对应，得到系数的值为

$$P_0 = 1 ， P_1 = a + k - c ， P_2 = er - ac + ak - ck ，$$

$$P_3 = aer + ekr - abk ， P_4 = aekr \tag{5.11}$$

将式 (5.11) 中 P_0、P_1、P_2、P_3 和 P_4 代入得到下列行列式

$$D = \begin{vmatrix} P_1 & P_3 & 0 & 0 \\ P_0 & P_2 & P_4 & 0 \\ 0 & P_1 & P_3 & 0 \\ 0 & P_0 & P_2 & P_4 \end{vmatrix} \tag{5.12}$$

可以看出，以下不等式给出了系统 (5.1) 所有特征值实部为负的充要条件

$$D_1 = P_1 = a + k - c > 0 \tag{5.13}$$

$$D_2 = \begin{vmatrix} P_1 & P_3 \\ P_0 & P_2 \end{vmatrix} = P_1 P_2 - P_0 P_3 > 0 \tag{5.14}$$

$$D_3 = P_3 D_2 - P_4 P_1^2 > 0 \tag{5.15}$$

$$D_4 = D = P_4 D_3 > 0 \tag{5.16}$$

由式 (5.13) ～式 (5.16)，得到以下条件

$$a - c > 0 ， er > ac ， c(er - ac) - a^2 c > 0 \tag{5.17}$$

因此，当 $e = \dfrac{a(c-a)}{r}$ 时，新型 4D 复杂超混沌系统将发生分岔。此时，参数 e 是一个临界值，可以写作 $e = e_0$。

系统 (5.1) 在平衡点 E_1 和 E_2 处的 Jacobian 矩阵具有相同的特征方程，即

$$\lambda^4 + (a + k - c)\lambda^3 + \left(er - ac - ck + \frac{ad(a+c)}{b}\right)\lambda^2$$

$$+ \left(ekr + \frac{2a^2 dk}{b} - \frac{2a^2 dkm}{b}\right)\lambda - 2aekr = 0$$

同理计算可得，当 $-2aekr < 0$ 时，这两个非零平衡点是不稳定的。

5.3.2 Hopf 分岔的存在性分析

设系统 (5.1) 的特征方程有一个纯虚根 $\lambda = \omega \mathrm{i}$，（$\omega \in \mathbb{R}^+$）。由式 (5.9) 可得

$$\omega = \omega_0 = \sqrt{er - ac}，\quad e = e_0 = \frac{a(c-a)}{r} \tag{5.18}$$

取 $e = e_0$ 代入式 (5.9) 可得

$$\lambda_1 = \mathrm{i}\omega_0，\quad \lambda_2 = -\mathrm{i}\omega_0，\quad \lambda_3 = -k，\quad \lambda_4 = c - a \tag{5.19}$$

因此，系统 (5.1) 满足 Hopf 分岔定理的第一个条件。对系统 (5.1) 在平衡点 E_0 处的特征方程关于参数 e 求导，得到方程

$$3\lambda^2 \frac{\mathrm{d}\lambda}{\mathrm{d}e} + 2(a-c)\lambda \frac{\mathrm{d}\lambda}{\mathrm{d}e} + (er - ac)\frac{\mathrm{d}\lambda}{\mathrm{d}e} + ar + r\lambda = 0 \tag{5.20}$$

$$\lambda'(e) = \frac{\mathrm{d}\lambda}{\mathrm{d}e} = -\frac{ar + r\lambda}{3\lambda^2 + 2(a-c)\lambda + er - ac} \tag{5.21}$$

将分岔值和特征值代入式 (5.21) 得到

$$\alpha'(0) = \mathrm{Re}\left[\lambda'(e_0)\right]\Big|_{\lambda = \sqrt{er-ac}\,\mathrm{i}} = \frac{cr}{-2a^2 + 2(a-c)} > 0 \tag{5.22}$$

$$\omega'(0) = \mathrm{Im}\left[\lambda'(e_0)\right]\Big|_{\lambda = \sqrt{er-ac}\,\mathrm{i}} = \frac{c\sqrt{e_0 r - ac}}{-2a^3 + 2a(a-c)} \neq 0 \tag{5.23}$$

此时，系统 (5.1) 在满足了 Hopf 分岔定理的第二个条件。

故而，此复杂混沌系统 (5.1) 同时满足 Hopf 分岔存在性定理的两个条件，即当参数 $e = e_0$ 时，系统在平衡点 E_0 处存在 Hopf 分岔。

5.4
分岔周期解的稳定性研究

本节的主要目的是基于 Normal Form 理论和中心流形定理等方法求解系统 (5.1) 中 Hopf 分岔的周期解的方向和稳定性，并对结果进行对比分析。

首先，为了求解矩阵的特征向量，设方程如下

$$\begin{cases} (\lambda + a)u_1 = 0 \\ (\lambda - c)u_2 - ru_4 = 0 \\ (\lambda + k)u_3 = 0 \\ eu_1 + eu_2 + \lambda u_4 = 0 \end{cases} \tag{5.24}$$

设 $\boldsymbol{v}_1$、$\boldsymbol{v}_2$ 和 $\boldsymbol{v}_3$ 分别表示对应于特征值 $\lambda_1 = \mathrm{i}\omega_0$、$\lambda_3 = -k$ 和 $\lambda_4 = c - a$ 的特征向量。求解可得如下特征向量

$$\boldsymbol{v}_1 = \begin{pmatrix} \dfrac{-ac + c\sqrt{er - ac}\,\mathrm{i}}{er} \\ 1 \\ 0 \\ \dfrac{-c + \sqrt{er - ac}\,\mathrm{i}}{r} \end{pmatrix}, \quad \boldsymbol{v}_2 = \begin{pmatrix} 0 \\ 0 \\ 1 \\ 0 \end{pmatrix}, \quad \boldsymbol{v}_3 = \begin{pmatrix} 0 \\ 1 \\ 0 \\ -\dfrac{a}{r} \end{pmatrix} \tag{5.25}$$

定义矩阵 $\boldsymbol{Q}$ 如下

$$\boldsymbol{Q} = \left(\mathrm{Re}\,\boldsymbol{v}_1, \ -\mathrm{Im}\,\boldsymbol{v}_1, \ \boldsymbol{v}_3, \ \boldsymbol{v}_4\right) = \begin{pmatrix} -\dfrac{ac}{er} & -\dfrac{c}{er}\sqrt{er - ac} & 0 & 0 \\ 1 & 0 & 0 & 1 \\ 0 & 0 & 1 & 0 \\ -\dfrac{c}{r} & -\dfrac{\sqrt{er - ac}}{r} & 0 & -\dfrac{a}{r} \end{pmatrix} \tag{5.26}$$

考虑下面的变换

$$\begin{pmatrix} x \\ y \\ z \\ p \end{pmatrix} = \boldsymbol{Q} \begin{pmatrix} x_1 \\ y_1 \\ z_1 \\ p_1 \end{pmatrix} \tag{5.27}$$

变换后 x、y、z、p 和 x_1、y_1、z_1、p_1 之间的关系为

$$\begin{pmatrix} x \\ y \\ z \\ p \end{pmatrix} = \begin{pmatrix} -\dfrac{ac}{er}x_1 - \dfrac{c}{er}\sqrt{er - ac}\,y_1 \\ x_1 + p_1 \\ z_1 \\ -\dfrac{c}{r}x_1 - \dfrac{\sqrt{er - ac}}{r}y_1 - \dfrac{a}{r}p_1 \end{pmatrix} \tag{5.28}$$

对式 (5.28) 求导，代入系统 (5.1)，得到新的系统表达式，如下

$$\begin{cases} \dot{x}_1 = -\sqrt{er-ac}\,y_1 + F_1\left(x_1,y_1,z_1,p_1\right) \\ \dot{y}_1 = \sqrt{er-ac}\,x_1 + F_2\left(x_1,y_1,z_1,p_1\right) \\ \dot{z}_1 = -kz_1 + F_3\left(x_1,y_1,z_1,p_1\right) \\ \dot{p}_1 = \left(c-a\right)p_1 + F_4\left(x_1,y_1,z_1,p_1\right) \end{cases} \tag{5.29}$$

其中，

$$F_1\left(x_1,y_1,z_1,p_1\right) = \frac{ac^2d - ab\left(c-a\right)^2}{c\left(2a-c\right)\left(c-a\right)}x_1z_1 + \frac{cd\sqrt{er-ac}}{\left(2a-c\right)\left(c-a\right)}y_1z_1 - \frac{ber}{c\left(2a-c\right)}z_1p_1$$

$$F_2\left(x_1,y_1,z_1,p_1\right) = \frac{ab\left(c-a\right)^2\left(1+c-2a\right)-a^2c^2d}{c\left(2a-c\right)\left(c-a\right)}x_1z_1 -$$

$$\frac{acd}{\left(c-a\right)\left(2a-c\right)}y_1z_1 + \frac{ber\left(c-a\right)}{c\left(2a-c\right)\sqrt{er-ac}}z_1p_1$$

$$F_3\left(x_1,y_1,z_1,p_1\right) = -\frac{acm}{er}x_1^2 - \frac{cm\sqrt{er-ac}}{er}x_1y_1 - \frac{acm}{er}x_1p_1 - \frac{cm\sqrt{er-ac}}{er}y_1p_1$$

$$F_4\left(x_1,y_1,z_1,p_1\right) = \frac{ab\left(c-a\right)-c^2d}{c\left(2a-c\right)}x_1z_1 + \frac{cd\sqrt{er-ac}}{a\left(c-2a\right)}y_1z_1 + \frac{ber}{c\left(2a-c\right)}z_1p_1$$

接下来，通过计算可以得到在 $e = e_0$ 与 $(x_1,\,y_1,\,z_1,\,p_1) = (0,\,0,\,0,\,0)$ 时，与系统相关的一些表达式

$$g_{11} = \frac{1}{4}\left[\frac{\partial^2 F_1}{\partial x_1^2} + \frac{\partial^2 F_1}{\partial y_1^2} + i\left(\frac{\partial^2 F_2}{\partial x_1^2} + \frac{\partial^2 F_2}{\partial y_1^2}\right)\right] = 0$$

$$g_{02} = \frac{1}{4}\left[\frac{\partial^2 F_1}{\partial x_1^2} - \frac{\partial^2 F_1}{\partial y_1^2} - 2\frac{\partial^2 F_2}{\partial x_1\partial y_1} + i\left(\frac{\partial^2 F_2}{\partial x_1^2} - \frac{\partial^2 F_2}{\partial y_1^2} + 2\frac{\partial^2 F_1}{\partial x_1\partial y_1}\right)\right] = 0$$

$$g_{20} = \frac{1}{4}\left[\frac{\partial^2 F_1}{\partial^2 x_1^2} - \frac{\partial^2 F_1}{\partial^2 y_1^2} + 2\frac{\partial^2 F_2}{\partial x_1\partial y_1} + i\left(\frac{\partial^2 F_2}{\partial^2 x_1^2} - \frac{\partial^2 F_2}{\partial^2 y_1^2} - 2\frac{\partial^2 F_1}{\partial x_1\partial y_1}\right)\right] = 0$$

$$G_{21} = \frac{1}{8}\left[\frac{\partial^3 F_1}{\partial x_1^3} + \frac{\partial^3 F_1}{\partial x_1\partial y_1^2} + \frac{\partial^3 F_2}{\partial x_1^2\partial y_1} + \frac{\partial^3 F_2}{\partial y_1^3} + i\left(\frac{\partial^3 F_2}{\partial x_1^3} + \frac{\partial^3 F_2}{\partial x_1\partial y_1^2} - \frac{\partial^3 F_1}{\partial x_1^2\partial y_1} - \frac{\partial^3 F_1}{\partial y_1^3}\right)\right] = 0$$

基于维度 $n = 4 > 2$，计算出以下变量

$$h_{11}^1 = \frac{1}{4}\left(\frac{\partial^2 F_3}{\partial x_1^2} + \frac{\partial^2 F_3}{\partial y_1^2}\right) = -\frac{cm}{4\left(c-a\right)}, \quad h_{11}^2 = \frac{1}{4}\left(\frac{\partial^2 F_4}{\partial x_1^2} + \frac{\partial^2 F_4}{\partial y_1^2}\right) = 0 \tag{5.30}$$

$$h_{20}^1 = \frac{1}{4}\left(\frac{\partial^2 F_3}{\partial x_1^2} - \frac{\partial^2 F_3}{\partial y_1^2} - 2\mathrm{i}\frac{\partial^2 F_3}{\partial x_1 \partial y_1}\right) = -\frac{cm}{4(c-a)} + \frac{cm\sqrt{er-ac}}{2a(c-a)}\mathrm{i} \quad (5.31)$$

$$h_{20}^2 = \frac{1}{4}\left(\frac{\partial^2 F_4}{\partial x_1^2} - \frac{\partial^2 F_4}{\partial y_1^2} - 2\mathrm{i}\frac{\partial^2 F_4}{\partial x_1 \partial y_1}\right) = 0 \quad (5.32)$$

将式 (5.30) ～式 (5.32) 代入如下方程

$$D\boldsymbol{w}_{11} = -\boldsymbol{h}_{11}, \quad (D - 2\mathrm{i}\omega_0 I)\boldsymbol{w}_{20} = -\boldsymbol{h}_{20} \quad (5.33)$$

其中，

$$\boldsymbol{h}_{11} = \begin{pmatrix} h_{11}^1 \\ h_{11}^2 \end{pmatrix}, \quad \boldsymbol{h}_{20} = \begin{pmatrix} h_{20}^1 \\ h_{20}^2 \end{pmatrix}$$

得到以下关系

$$\boldsymbol{w}_{11} = \begin{pmatrix} w_{11}^1 \\ w_{11}^2 \end{pmatrix} = \begin{pmatrix} -\dfrac{cm}{4} \\ 0 \end{pmatrix}, \quad \boldsymbol{w}_{20} = \begin{pmatrix} w_{20}^1 \\ w_{20}^2 \end{pmatrix} = \begin{pmatrix} \dfrac{3a+c}{4(c-a)} - \dfrac{c\sqrt{e-ac}}{2a(c-a)}\mathrm{i} \\ 0 \end{pmatrix} \quad (5.34)$$

此外

$$G_{110}^1 = \frac{1}{2}\left[\frac{\partial^2 F_1}{\partial x_1 \partial z_1} + \frac{\partial^2 F_2}{\partial y_1 \partial z_1} + \mathrm{i}\left(\frac{\partial^2 F_2}{\partial x_1 \partial z_1} - \frac{\partial^2 F_1}{\partial y_1 \partial z_1}\right)\right]$$

$$= -\frac{ab(c-a)}{2c(2a-c)} + \frac{ab(c-a)(1+c-2a)(1+c-2a)}{2c(2a-c)\sqrt{er-ac}}\mathrm{i} \quad (5.35)$$

$$G_{110}^2 = 0, \quad G_{101}^2 = 0 \quad (5.36)$$

$$G_{101}^1 = \frac{1}{2}\left[\frac{\partial^2 F_1}{\partial x_1 \partial z_1} - \frac{\partial^2 F_2}{\partial y_1 \partial z_1} + \mathrm{i}\left(\frac{\partial^2 F_2}{\partial x_1 \partial z_1} + \frac{\partial^2 F_1}{\partial y_1 \partial z_1}\right)\right]$$

$$= \frac{2ac^2d - ab(c-a)^2}{2c(2a-c)(c-a)} + \frac{ab(c-a)^2(1+c-2a) - 2a^2c^2d}{2c(2a-c)(c-a)\sqrt{e-ac}} \quad (5.37)$$

$$g_{21} = G_{21} + \sum_{n=1}^{2}\left(2G_{110}^n w_{11}^n + G_{101}^n w_{20}^n\right) = \frac{abm(c-a)}{4c(2a-c)} +$$

$$\frac{2ac^2d(3a+c) - ab(c-a)^2(3a+c)}{8c(2a-c)(c-a)^2} + \frac{b(c-a)^2(1+c-2a) - 2ac^2d}{4c(2a-c)(c-a)^2\sqrt{er-ac}} +$$

$$\frac{abcm(c-a)(2a-c-1)}{4c(2a-c)\sqrt{er-ac}}\mathrm{i}+\frac{(c-a)^2-2c^2d}{4(2a-c)(c-a)^2}\sqrt{er-ac}\mathrm{i}+$$

$$\frac{ab(c-a)^2(1+c-2a)-2a^2c^2d}{8c(2a-c))(c-a)^2\sqrt{er-ac}}(3a+c)\mathrm{i} \qquad (5.38)$$

根据这些计算和分析，我们得到以下结果

$$C_1(0)=\frac{\mathrm{i}}{2\omega_0}\left(g_{20}g_{11}-2|g_{11}|^2-\frac{1}{3}|g_{02}|^2\right)+\frac{1}{2}g_{21}=\frac{1}{2}g_{21} \qquad (5.39)$$

同样得到

$$\mu_2=-\frac{\mathrm{Re}\big[C_1(0)\big]}{\alpha'(0)},\quad \beta_2=2\,\mathrm{Re}\big[C_1(0)\big],\quad \tau_2=-\frac{\mathrm{Im}\big[C_1(0)\big]+\mu_2\omega'(0)}{\omega_0}$$

为验证上述分析，设

$a=3$，$b=4$，$c=1$，$d=0.5$，$r=-1$，$m=2$，$k=1$

则 $e_0=6$，并计算出以下值

$$\mu_2=95.9875,\quad \beta_2\approx-0.1428,\quad \tau_2\approx2.3888 \qquad (5.40)$$

因此，当该参数 e 达到临界值时，4D 复杂超混沌系统式 (5.1) 在平衡点 $E_0(0,0,0,0)$ 处的 Hopf 分岔是超临界的，且分岔方向为 $e<e_0=6$。当该参数取值 $e=5$ 时，系统 (5.1) 的分岔周期解稳定，如图 5.5 所示。当 $e=7>e_0$ 时如图 5.6 所示。当 $e=9>e_0$ 时如图 5.7 所示，系统具有稳态解，形成周期性轨道，生成极限环。

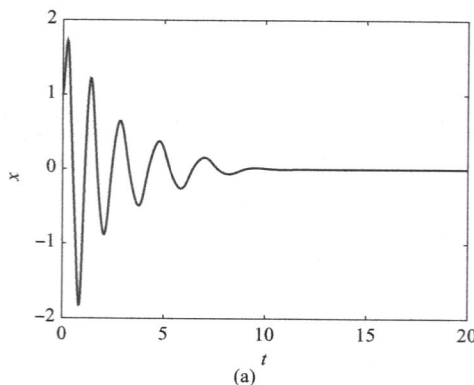

(a)

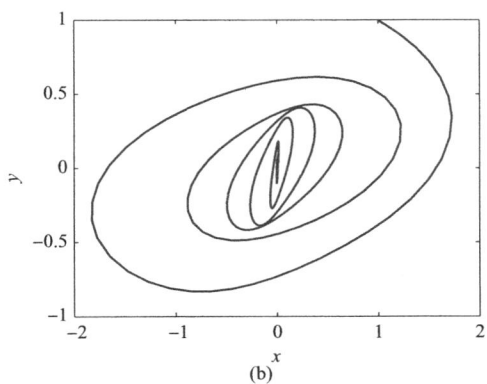
(b)

图 5.5　系统 (5.1) 在参数 $a=3$、$b=4$、$c=1$、$d=0.5$、$r=-1$、$m=2$、$k=1$ 和 $e=5$
时的时域波形图 (a) 和相轨迹图 (b)

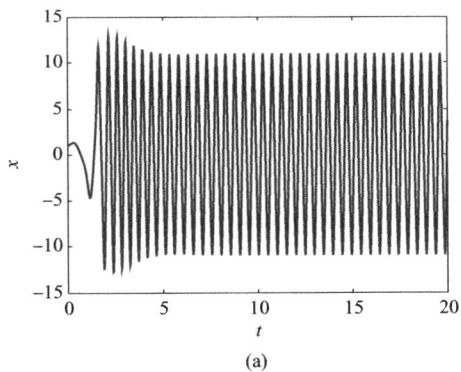
(a)

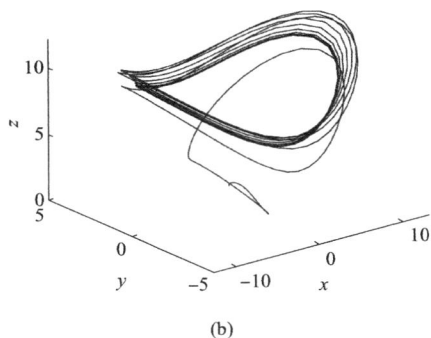
(b)

图 5-6　系统 (5.1) 在参数 $a=3$、$b=4$、$c=1$、$d=0.5$、$r=-1$、$m=2$、$k=1$ 和 $e=7$
时的时域波形图 (a) 和相轨迹图 (b)

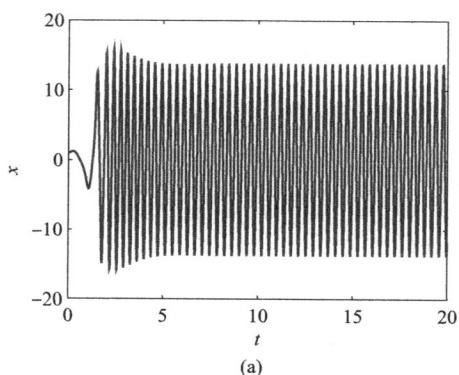

(a)

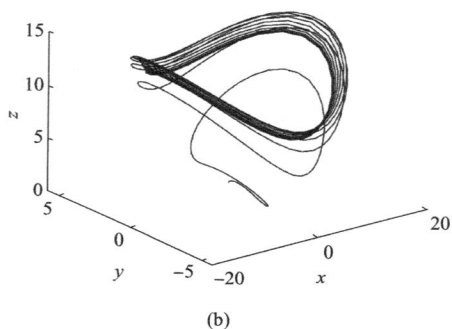

(b)

图 5.7　系统 (5.1) 在参数 $a=3$、$b=4$、$c=1$、$d=0.5$、$r=-1$、$m=2$、$k=1$ 和 $e=9$ 时的时域波形图 (a) 和相轨迹图 (b)

5.5

超混沌的被动控制

由本章 5.2 节中的 Jacobian 矩阵和特征值计算结果可知，系统 (5.1) 在平衡点处不稳定。在此，通过被动控制使系统 (5.1) 在平衡点转变为稳定。通过合理设计和调整系统参数或外部输入参数，系统可以进入或保持在特定状态，从而实现平衡点处的稳定，基于被动控制器驱动系统使系统稳定在平衡点上。此外，数值模拟和计算公式也证明了所提方法

的有效性。受控系统的方程如下

$$
\begin{cases}
\dot{x} = -ax + byz \\
\dot{y} = cy - dxz + rp + u_1 \\
\dot{z} = -kz + mxy \\
\dot{p} = -e(x + y) + u_2
\end{cases}
\tag{5.41}
$$

式中，u_1 和 u_2 是控制系统在平衡点或理想轨迹的被动控制器输入。假设变量

$$
z = \begin{pmatrix} z_1 \\ z_2 \end{pmatrix} = \begin{pmatrix} x \\ z \end{pmatrix}, \quad y = \begin{pmatrix} y_1 \\ y_2 \end{pmatrix} = \begin{pmatrix} y \\ p \end{pmatrix}
\tag{5.42}
$$

受控系统可以用被动控制的广义理论来描述

$$
\begin{cases}
\dot{z}_1 = -az_1 + by_1z_2 \\
\dot{z}_2 = -kz_2 + mz_1y_1 \\
\dot{y}_1 = cy_1 - dz_1z_2 + ry_2 + u_1 \\
\dot{y}_2 = -e(z_1 + y_1) + u_2
\end{cases}
\tag{5.43}
$$

因此，被动控制的广义形式为

$$
\dot{z} = f_0(z) + g(z, y)y,
$$

$$
\dot{y} = b(z, y) + a(z, y)u
\tag{5.44}
$$

其中，

$$
f_0(z) = \begin{pmatrix} -az_1 \\ -kz_2 \end{pmatrix}
\tag{5.45}
$$

$$
g(z, y) = \begin{pmatrix} bz_2 & 0 \\ mz_1 & 0 \end{pmatrix}
\tag{5.46}
$$

$$
b(z, y) = \begin{pmatrix} cy_1 + ry_2 - dz_1z_2 \\ -ez_1 - ey_1 \end{pmatrix}
\tag{5.47}
$$

$$
a(z, y) = \begin{pmatrix} 1 & 0 \\ 0 & 1 \end{pmatrix}
\tag{5.48}
$$

选取 $W(0) = 0$ 时 $f_0(z)$ 的 Lyapunov 函数

$$W(z) = \frac{1}{2}z_1^2 + \frac{1}{2}z_2^2 \tag{5.49}$$

对式 (5.49) 求导得到

$$\dot{W} = \frac{\mathrm{d}}{\mathrm{d}t}W(z) = \frac{\partial W(z)}{\partial z}f_0(z) = \begin{pmatrix} z_1 & z_2 \end{pmatrix}\begin{pmatrix} -az_1 \\ -kz_2 \end{pmatrix} = -az_1^2 - kz_2^2 \tag{5.50}$$

式中，a 和 k 是正的，故

$$-az_1^2 - kz_2^2 \leqslant 0 \tag{5.51}$$

对于 $W(z) \geqslant 0$ 和 $W(z) \leqslant 0$ 而言，$f_0(z)$ 是渐近全局稳定的，可以得到 $W(z)$ 为零的受控系统 (5.41) 是 Lyapunov 稳定的。该控制器使系统等效为被动系统，且使其呈现为最小相位。

根据被动理论，控制器 u 通过以下方式实现

$$u = a(z, y)^{-1}\left[-b^T(z, y) - \frac{\partial W(z)}{\partial z}g(z, y) - \alpha y + v \right] \tag{5.52}$$

根据被动控制理论[32]，系统 (5.51) 被称为被动系统。根据被动控制理论的特性，控制器 $u(u_1, u_2)$ 可以定义为

$$\begin{cases} u_1 = dxz - cy - rp - bxz - mxz - \alpha y + v_1 \\ u_2 = ex + ey - \alpha p + v_2 \end{cases} \tag{5.53}$$

式中，α 为正参数；$u = (u_1, u_2)^T$ 和 $v = (v_1, v_2)^T$ 分别为控制项和外部输入向量。

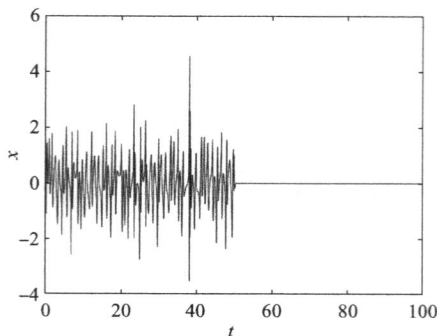

(a)

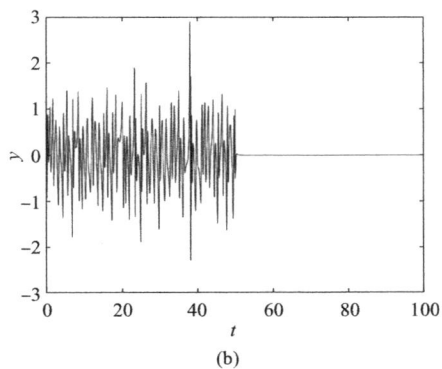

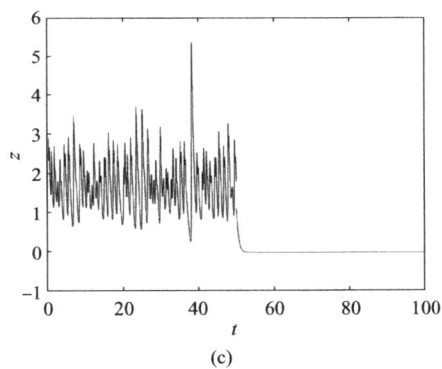

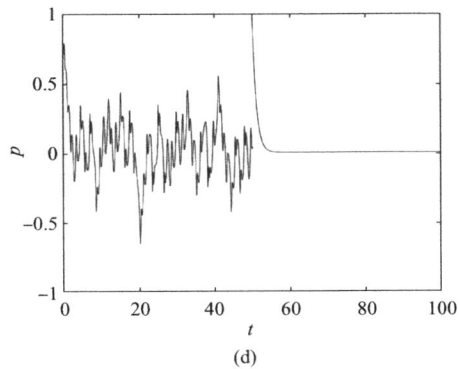

图 5.8　受控超混沌系统 (5.41) 在参数 a=14、b=12、c=7、d=4、r=5、m=9、k=2、e=0.5 和 α=1、v=0 时的时域波形图

受控系统 (5.41) 参数取 $a=14$、$b=12$、$c=7$、$d=4$、$r=5$、$m=9$、$k=2$ 和 $e=0.5$。图 5.8 显示了控制器参数为 $\alpha=1$ 和 $v=0$ 的受控系统 (5.41) 的时域波形图。图 5.9 显示了在控制器参数为 $\alpha=3$ 和 $v=0$ 的受控系统 (5.41) 的时域波形图。在图 5.8 和图 5.9 中，在 $t=50$s 时激活控制信号。由图 5.8 和图 5.9 可以看出，控制器将新的四维超混沌系统稳定在其不稳定平衡点上。在图 5.10 中也可以看到相同的控制效果，另外在图 5.10 中可以看出，α 的值越显著，系统的沉降时间越短，收敛到期望点的速度越快。

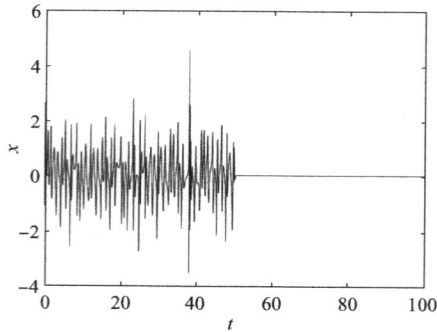

(a)

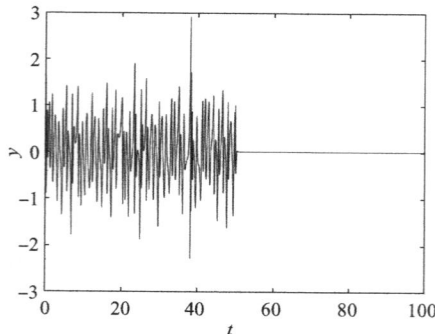

(b)

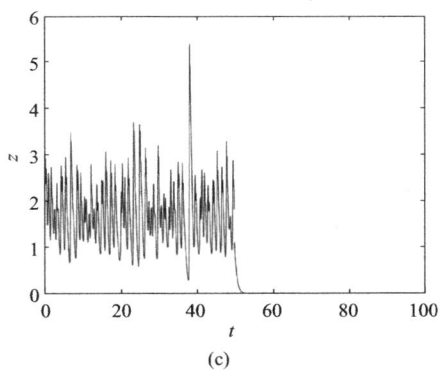

(c)

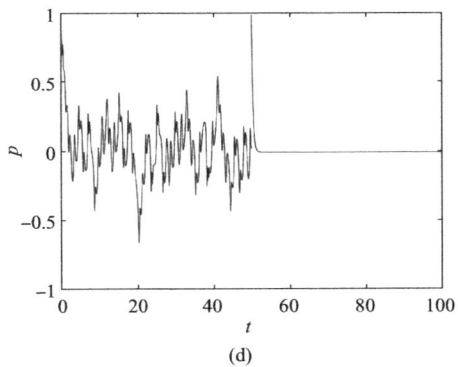

(d)

图 5.9　受控超混沌系统 (5.41) 在参数 a=14、b=12、c=7、d=4、r=5、m=9、
k=2、e=0.5 和 α=3 时的时域波形图

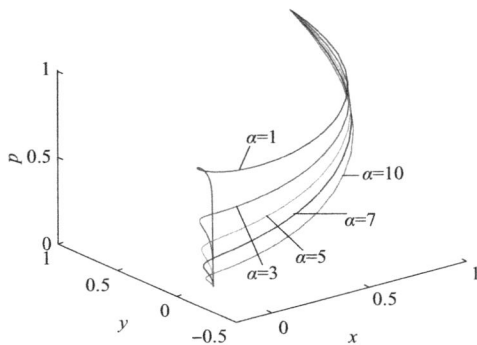

图 5.10　受控超混沌系统 (5.41) 关于参数 α 的三维相轨迹

5.6
本章小结

　　本章介绍了一种新设计的复杂四维 (4D) 超混沌双翼系统，通过在三维混沌系统中添加状态变量和线性控制器，拓展了所提出的 4D 超混沌双翼系统，这个新的超混沌系统由三个非线性项、六个线性项和八个具有复杂动力学的参数组成；采用分岔图、Lyapunov 指数、Poincaré 映射、时域波形图和相轨迹图等工具研究了这个新系统的动力学，此外，还获得了一个新的 4D 超混沌吸引子；通过分析求解了该超混沌系统的 Hopf 分岔的存在性和周期解；采用被动控制方法控制了这个新 4D 系统的超混沌行为，并通过计算仿真进行了验证。

参考文献

[1] Iskakova K, Alam M M, Ahmad S, et al. Dynamical study of a novel 4D hyperchaotic system: An integer and fractional order analysis. Mathematics and Computers in Simulation, 2023(208): 219-245.

[2] Alkhayyat A, Ahmad M, Tsafack N, et al. A novel 4d hyperchaotic system assisted josephus permutation for secure substitution-box generation. Journal of Signal Processing Systems for Signal Image and Video Technology, 2022, 94(3): 315-328.

[3] Vaidyanathan S, He S, Simbas A. A new multistable double-scroll 4-D hyperchaotic system with no equilibrium point, its bifurcation analysis, synchronization and circuit design. ARchives of Control Sciences, 2021, 31(1): 9-128.

[4] Ren L, Lin M H, Abdulwahab A, et al. Global dynamical analysis of the integer and fractional 4D hyperchaotic rabinovich system. Chaos Solitons & Fractals, 2023(169): 113275.

[5] Luo R Z, Wang Y L. Finite-time stochastic combination synchronization of three different chaotic systems and its application in secure communication. Chaos, 2012, 22 (2): 023109.

[6] Zhou X B, Jiang M R, Huang Y Q. Combination Synchronization of Three Identical or Different Nonlinear Complex Hyperchaotic Systems. Entropy, 2013, 15(9): 3746-3761.

[7] Sudheer K S, Sabir M. Adaptive modified function projective synchronization between hyperchaotic Lorenz system and hyperchaotic Lu system with uncertain parameters. Physics Letters A, 2009, 373 (41): 3743-3748.

[8] Liu P, Liu S T, Li X. Adaptive modified function projective synchronization of general uncertain chaotic complex systems. Physica Scripta, 2012, 85(3): 035005.

[9] Yassen M T. Synchronization hyperchaos of hyperchaotic systems. Chaos Solitons & Fractals, 2008, 37 (2) : 465-475.

[10] Dou F Q, Sun J A, Duan W S. Anti-synchronization in Different Hyperchaotic Systems. Communications in Theoretical Physics, 2008, 50(4): 907-912.

[11] Ma C, Wang X Y. Bridge between the hyperchaotic lorenz system and the hyperchaotic chen system. International Journal of Modern, Physics, 2011, 25(5): 711-721.

[12] Wang X Y, Yang Y H, Feng M K. Synchronization between two different hyperchaotic systems with uncertain parameters. International Journal of Modern Physics, 2013, 27 (13): 1350044.

[13] Ojo K S, Ogunjo S T, Njah A N, et al. Increased-order generalized synchronization of chaotic and hyperchaotic systems. Pramana-Journal of Physics, 2015, 84 (1) : 33-45.

[14] Zhang H B, Liao X F, Yu J B. Fuzzy modeling and synchronization of hyperchaotic systems. Chaos Solitons & Fractals, 2005, 26 (3): 835-843.

[15] Sudheer K S, Sabir M. Modified function projective combination synchronization of hyperchaotic systems. Pramana-Journal of Physics, 2017, 88 (3): 40.

[16] Yu F, Qian S, Chen X, et al. Chaos-based engineering applications with a 6D memristive multistable hyperchaotic system and a 2D SF-simm hyperchaotic map. Complexity, 2021: 1-21.

[17] Alqahtani A M, Chaudhary A, Dubey R S, et al. Comparative Analysis of the Chaotic Behavior of a Five-Dimensional Fractional Hyperchaotic System with Constant and Variable Order. Fractal and Fractional, 2024, 8 (7): 421.

[18] Hong L, Zhang Y W, Jiang J. A hyperchaotic crisis. International Journal Of Bifurcation and Chaos, 2010, 20 (4): 1193-1200.

[19] Patra M, Banerjee S. Hyperchaos in 3-D piecewise smooth maps. Chaos Solitons & Fractals, 2020(133): 109681.

[20] Signing V F, Mogue R T, Kengne J, et al. Dynamic phenomena of a financial hyperchaotic system and DNA sequences for image encryption. Multimedia Tools and Applications, 2021, 80 (21-23): 32689-32723.

[21] Xu E, Xiao W, Chen Y. Local stabilization for a hyperchaotic finance system via time-delayed feedback based on discrete-time observations. Aims Mathematics, 2023, 8(9): 20510-20529.

[22] Bekiros S, Yao Q, Mou J, et al. Adaptive fixed- time robust control for function projective synchronization of hyperchaotic economic systems with external perturbations. Chaos Soliton & Fractals, 2023(172): 113609.

[23] Wang B, Liu J, Alassafi M O, et al. Intelligent parameter identification and prediction of variable time fractional derivative and application in a symmetric chaotic financial system. Chaos Soliton & Fractals, 2022(154): 111590.

[24] Liu J, Zhang M, Tong X, et al. Image compression and encryption algorithm based on

2D compressive sensing and hyperchaotic system. Multimedia Systems, 2022, 28(2): 1-16.

[25] Li X, Mou J, Banerjee S, et al. Design and DSP implementation of a fractional-order detuned laser hyperchaotic circuit with applications in image encryption. Chaos Soliton & Fractals, 2022(159): 112133.

[26] Wang E, Yan S, Sun X, et al. Analysis of bifurcation mechanism of new hyperchaotic system, circuit implementation, and synchronization. Nonlinear Dynamics, 2023, 111(4): 3869-3885.

[27] Xiu C, Fang J, Ma X. Design and circuit implementations of multimemristive hyperchaotic system. Chaos Soliton & Fractals, 2022(161): 112409.

[28] Xiu C, Fang J, Liu Y. Design and circuit implementation of a novel 5D memristive cnn hyperchaotic system. Chaos Soliton & Fractals, 2022(158): 112040.

[29] Deng Y, Fan Z F, Zhao B B, et al. Mid-infrared hyperchaos of interband cascade lasers. Light-Science & Applications, 2022, 11(1): 7.

[30] Chen X, Liu C. Passive control on a unified chaotic system. Nonlinear Analysis: Real World Applications, 2010, 11(2): 683-687.

[31] Gholamin P, Sheikhani A H R. A new three-dimensional chaotic system: Dynamical properties and simulation. Chinese Journal of Physics, 2017, 55(4): 1300-1309.

[32] Uyaroğlu Y, Emiroğlu S. Passivity-based chaos control and synchronization of the four dimensional Lorenz-Stenflo system via one input. Journal of Vibration and Control, 2015, 21(8): 1657-1664.

第 **6** 章

多项式微分动力系统的极限环
分岔分析

自然工程技术和现实社会中的许多实际问题都可以用非线性微分系统来描述，作为非线性动力学中重要内容的微分方程定性理论、稳定性理论以及分岔与混沌理论，可以帮助人们更好地认识和分析其中的规律，因此深入研究相应的微分方程定性理论是解释许多非线性现象规律的有力途径。

6.1
Jerk 系统及多项式系统简介

　　基于计算机穷举法，Sprott 在 1994 年提出了新型三阶自治 Jerk 系统[1,2]，由于其方程形式简洁，便于电路实现，因此引起了国内外众多研究者的关注。经研究表明，在一定条件下，此类系统会存在混沌吸引子或隐藏吸引子，许多学者借助于此类系统的特殊动力学行为，根据系统的状态方程设计了相应的混沌电路[3-6]。Kengne 等人[7] 分析了一个具有三次非线性的简单自主 Jerk 系统。在 Sprott 系统中引入 MO5 模型的线性变换，研究了系统的平衡和稳定性、相轨迹、频谱、分岔图和 Lyapunov 指数图。结果表明，混沌的开始是通过经典的倍周期和对称恢复危机情景实现的。

　　由于混沌信号可以作为加密信号在保密通信中使用，混沌电路被广泛应用到图像加密、保密通信等领域[8,9]。Chen 等人[10] 提出了一种只包括一个常数项，并且具有共存和隐藏的吸引子的非平衡四维混沌 Jerk 系统，利用分岔图和 Lyapunov 指数研究了系统的动力学行为。研究表明该系统要么具有对称平衡点，要么不具有平衡点。通过改变系统参数可以发现系统将经历一系列周期倍增进入混沌等更丰富的动态行为，继而观察到共存和隐藏的混沌吸引子，并绘制了盆地引力图。此外，他们使用多尺度 C0 算法，研究了系统的复杂性，并在参数平面中显示了广泛的高复杂性区域。

　　对 Jerk 系统混沌现象的控制也多有成果，Çiçek 等人[11] 基于滑模控制（SMC）的 SJCS 混沌同步与模拟电路设计相结合，实现了安全的混沌通信。这种安全混沌通信应用的优点是使用了一个简单的混沌 Jerk 系统，并实现了仅与一个状态 SMC 信号的同步，获得了一个经济高效的安全混沌通信系统。然而 SMC 方法尚未用于 JerkCS 的同步，但可以利用滑动模块控制方法将 Jerk 电路的混沌行为控制到周期轨道上。Ni 等人 [12] 利用电流源变换器的静态同步补偿器控制器，提出了一种用于三母线电力系统混沌抑制和电压稳定的固定时间动态表面高阶滑模控制方法。所提出的控制策略构建了两个高阶滑模曲面来实现控制目标。通过将反演思想与动态表面控制（DSC）技术相结合，设计了高阶滑模控制器，避免了反演设计中"复杂性爆炸"的固有问题。此外，他们在 DSC 设计中引入了一个新的稳定性概念，以实现与初始条件无关的有限时间内高阶滑模系统信号的半全局一致极限有界性。稳定性分析表明，所提出的控制方案可以实现半全局固定及时一致最终有界稳定。

Kengne 等人 [4] 考察了一种新的具有二次、三次非线性的混沌 Jerk 系统，其中包括对称和非对称操作模式的混沌产生机制。该模型有三个不动点，其中一个位于状态空间的原点。振荡从原点被激发，产生单涡卷混沌吸引子。结果证明，二次项的存在打破了模型的奇对称性，并产生了大量新的非线性动力学模式，如临界跃迁、共存的非对称分岔气泡、共存的不对称吸引子和平行分岔。他们还利用线性增广的方法，开发了一种简单的控制策略，该策略有助于在简单调整耦合参数时将多稳态系统从六个共存吸引子的状态转换为单稳态。Vaidyanathan 等人 [13] 研究了一种新的具有三个参数的三维 Jerk 系统，其中一个非线性项是正弦非线性。他们证明了新的 Jerk 系统在 x 轴上有两个不稳定的平衡点；数值积分表明存在周期态和混沌态，以及无界解；证明了新的 Jerk 系统具有共存吸引子的多重稳定性，还展示了所提出的混沌 Jerk 系统的偏移增强结果；在此基础上，为具有正弦非线性的新 Jerk 系统设计了一个电子电路，使用反推控制技术为主从 Jerk 系统设计了完全同步作为一种控制应用。

在多项式微分方程定性理论中，关于极限环 [14] 的研究是一个既有趣又困难的部分，研究极限环与解决微分方程积分曲线族的全局结构问题之间有密切的联系。李娜 [15] 针对于平面上几类向量场的极限环分岔问题和具有双参数的严格等时中心可逆系统的局部临界周期分岔问题作了研究。基于两类 Lienard 系统理论研究了其 Hopf 环性数，利用解析函数或光滑函数重数的相关结果讨论了特殊的 Lienard 系统的环性数问题，继而通过计算 Melnikov 函数研究了一类特殊的未扰系统带有重因子的平面系统，发现该系统在一些特殊情形下，原点附近分岔出的极限环个数的下界。刘玉娟[16]研究了三维竞争 Ricker 系统的 Hopf 分岔，给出了系统具有正 Hopf 分岔值的充要条件，并证明了当种群间的竞争系数满足一定条件时，系统会呈现 Hopf 分岔现象；利用中心流形理论研究了包含系数矩阵的三个主子式均为非负的新类型系统，基于 Hopf 分岔定理中横截条件和一阶焦点量计算公式中的不同符号，构造了具有两个扰动参数的三维竞争 Ricker 系统，并证明系统在特殊参数取值范围内具有三个极限环，其中内部两个极限环是来自 Hopf 分岔产生的小振幅极限环。甘晓亮[17]借助于复平面光滑简单闭曲线和 Morse 分解，研究了任何含有一个极限环并且其外部不存在有限奇点的系统，考虑了此光滑平面系统的光滑 Lyapunov 函数的存在性；确定了系统的判定系统具有不一致的耗散性散度准则和耗散功率准则，提出了一个超越散度，用来判断系统耗散性的准则——耗散功率。耿伟[18]研究了两类光滑三次多项式近哈密顿系统的极限环分岔问题，借助于高阶 Melnikov 函数、反正切函数的广义 Abel 积分获得了平面三次近哈密顿系统的异宿分岔问题，以及在异宿环附近和双同宿环附近的极限环个数的新下界。继而，针对三个由三次可逆等时中心系统组成的分段光滑系统展开了探讨，通过计算 Lyapunov 指数，确定了系统可以产生的极限环的最大个数。

为了研究多项式动力系统是否存在极限环，目前针对不同系统已有平均法、后继函数法、小参数法等重要理论方法。Cao 等人[19]提出了一个有趣的具有三个二次非线性项、不同平衡点和吸引子的四维混沌系统。在不同区域的参数范围内，系统分别呈现没有平衡点、三个平衡点和无限平衡点特点。随着参数值的变化，系统表现出稳定、周期性和混沌状态。此外，它还具有导致混沌的倍周期分岔和使系统失去稳定性的 Hopf 分岔。当系统没有平衡点时，会产生隐藏的混沌吸引子，并在不同的初始值下产生共存的混沌吸引子。Algaba 等人[20]运用 KAM 理论证明了无限不变环面和混沌吸引子的存在；将原始系统嵌入到一个单参数可逆系统族中；证明了系统 Zero-Hopf 分岔的存在，这意味着系统存在椭圆周期轨道；证实了系统具有周期、准周期和混沌运动的极其复杂的动力学响应。Anwar 等人[21]提出了一种新的在特定参数区域内表现出单涡卷混沌行为的三维连续自治系统。通过线性稳定性分析和数值模拟，研究了关于系统参数的不同动态观测，并试图阐述混沌的产生途径。对于参数区域的很大一部分，他们发现系统会突然诞生一个周期三极限环。第三周期轨道通过典型的 Pomeau-Manneville 间歇混沌路径转变为混沌状态；对于更高的参数值，它通过逆周期加倍路径转变为周期性。Kengne 等人[22]针对一个具有三次非线性的简单自主 Jerk 系统进行了系统分析，结果表明，混沌的开始是通过经典的倍周期和对称恢复危机情景实现的；在参数空间中找到了一个窗口，Jerk 系统经历了多个吸引子的不同寻常和引人注目的特征，如四个断开的周期性和混沌吸引子的共存；计算了各种共存吸引子的吸引盆地，显示了复杂的盆地边界。

具有无穷多个平衡点的忆阻系统因极端多稳态的产生而受到广泛关注，其初始依赖动力学可以通过状态变量的增量积分变换在降阶模型中进行解释。但是，这种方法不能直接处理除忆阻器项之外的任何额外非线性项的忆阻系统。此外，由于原始系统的不对称性，转换后的状态变量可能会发散。Chen 等人[23]为了解决这些问题，提出了一种混合状态变量增量积分（HSVII）方法。通过这种方法，在三维（3D）模型中成功地重构了具有三次非线性的四维（4D）忆阻 Jerk 系统的极端多稳态，并通过巧妙的线性状态变量映射消除了发散状态变量。Huang 等人[24]采用忆阻器替换方法提出了一种基于三次忆阻器的超混沌 Jerk 电路系统。通过对相应的无量纲系统基本动力学特性的分析，发现周期、混沌和超混沌之间存在多种交替行为，以及由偏移常数控制的吸引子位移现象，进一步详细研究了系统的多稳态，发现了多个不对称共存吸引子，并结合引力盆对对称共存吸引子进行了分析。Mezatio 等人[25]将磁通控制忆阻器模型引入已知的 5D 超混沌自治系统获得一个 6D 自治系统，从平衡点、分岔图、Lyapunov 指数谱、相轨迹、时间序列和吸引盆地等方面研究了新系统的动力学行为。研究发现该系统还具有隐藏的极端多稳态、瞬态混沌、爆发和偏移增强现象。

Negou 和 Kengne[26]研究了一个具有单参数非线性广义的 Jerk 系统的动力学，包括不动点的性质、向混沌的转变（分岔图）、相轨迹以及

Lyapunov 指数图。在监测系统参数变化时，发现系统呈现一系列倍周期分岔、反向分岔、合并危机、偏移增强、共存分岔和滞后等丰富的动力学行为；进一步通过监测分岔参数的取值，讨论了 Jerk 系统对称边界中的多稳态。Tuna 等人[27] 提出了一类具有（不具有）强迫项的超 Jerk 混沌振子。由于系统具有无限的平衡点，所有这些共存的吸引子都属于隐藏吸引子的特殊范畴。基于锯齿波函数，Yu 等人[28] 发现了一种从广义第一类和第二类 Lorenz 型系统生成多翼蝴蝶混沌吸引子的新方法。与传统的环形多涡卷 Lorenz 混沌吸引子相比，所提出的多翼蝶混沌吸引子更容易通过模拟电路设计和实现。Kengne[29] 研究了具有回转器的聚合超混沌振子（TCMNL 振子）的动力学。与之前基于分段线性近似方法的文献不同，该研究建立了系统参数与超混沌振子的各种复杂动态状态（超混沌、周期 3 倍分岔、吸引子共存、瞬态混沌）之间的联系。Kirk 和 Rucklidge[30] 研究了小强制对称破缺对连接两个平衡点和周期轨道的结构稳定异宿环附近动力学的影响。众所周知，这种类型的系统表现出复杂的混沌动力学特性，包括各种相空间变量符号的不规则切换，并通过构建和分析近似返回图，在参数空间中定位全局分岔。他们还发现了某些对称破缺项的大小有一个阈值，低于这个阈值就不会有持续的切换。

6.2
一个 Jerk 系统的 Zero-Hopf 分岔分析

本节研究如下三阶非线性微分方程

$$\dddot{x} - (b + cx)\ddot{x} + a\dot{x} - x^2 + d = 0 \tag{6.1}$$

可以将方程 (6.1) 变为如下方程组的形式

$$\begin{cases} \dot{x} = y \\ \dot{y} = z \\ \dot{z} = -d - ay + bz + cxy + x^2 \end{cases} \tag{6.2}$$

显然，微分方程组 (6.2) 就是一个 Jerk 系统，部分学者已对上述系统作了一些研究，但是关于系统 (6.2) 是否存在极限环分岔行为的文献尚未有所发现。本节重点讨论系统 (6.2) 的 Zero-Hopf 分岔问题。首先，需要找到系统的 Zero-Hopf 平衡点，主要特征表现为其特征根由一个零特征根和一对共轭纯虚数的复根组成。

为了更好地理解上述问题，引入下列引理和定理。

引理 6.1 若当 $d = 0$ 时，系统 (6.2) 的参数继续满足 Zero-Hopf 分岔条件，则坐标原点 O (0, 0, 0) 是系统的一个 Zero-Hopf 平衡点。

当系统 (6.2) 的参数在临界值附近变化时，系统可能会有极限环从 Zero-Hopf 平衡分岔点处冒出。经过一定的理论分析，通过下面的定理可以验证系统 (6.2) 在坐标原点处发生 Zero-Hopf 分岔后，继而呈现极限环的动力学行为。

定理 6.1 选取系统 (6.2) 的参数满足 $a = \delta^2 + \varepsilon a_0$、$c = c_0 + \varepsilon c_1$、$d = \dfrac{\varepsilon^2 \delta^4}{4}$ 和 $b = \varepsilon\left(1 + \dfrac{c_0 \delta^2}{2}\right) + \varepsilon^2 \dfrac{c_1 \delta^2}{2}$。若当 $\left(1 - c_0 \delta^2\right)\left(2 - c_0 \delta^2\right) \neq 0$、$\delta \neq 0$、$c_0 \neq 0$ 及 $\dfrac{c_0}{c_0 \delta^2 - 1} > 0$ 时，那么对于充分小的 $\varepsilon > 0$，系统 (6.2) 在 Zero-Hopf 平衡点 O (0, 0, 0) 处会发生 Zero-Hopf 分岔，并且在原点附近会产生一个极限环，该极限环有如下的近似表达式

$$\left[x(t,\varepsilon),\ y(t,\varepsilon),\ z(t,\varepsilon)\right] = \left[\varepsilon\omega^* - \varepsilon r^* \sin\delta t - \frac{\varepsilon\delta^2}{2} + O\left(\varepsilon^2\right),\right.$$

$$\left. -\varepsilon\delta r^* \cos\delta t + O\left(\varepsilon^2\right),\ \varepsilon\delta^2 r^* \sin\delta t + O\left(\varepsilon^2\right)\right]$$

式中，$r^* = \sqrt{\dfrac{4c_0 \delta^6}{\left(c_0 \delta^2 - 2\right)^2 \left(c_0 \delta^2 - 1\right)}}$；$\omega^* = \dfrac{2\delta^2}{2 - c_0 \delta^2}$。并且该极限环与系统 (6.2) 的一阶平均系统所对应的平衡点具有相同的稳定性。

6.2.1 一阶平均法

为了得到本章关于上述多项式系统的局部分岔动力学行为，本部分将通过一阶平均法来研究 Jerk 系统的极限环分岔问题。接下来先给出平均法的相关定理 [31]。

先来考虑系统

$$\dot{x} = \varepsilon f\left(x,\, t,\, \delta\right) \tag{6.3}$$

式中，f 是关于变量 t 的 T - 周期函数。

在实际应用中，系统 (6.3) 大都以如下形式呈现

$$\dot{x} = f_1\left(x\right) + \delta f_2\left(x,\, t,\, \delta\right) \tag{6.4}$$

此时，可以令 $h\left(x,\, t,\, \delta\right) \in C^r\left(D \times \mathbb{R}\, /\, T\mathbb{Z} \times \left[0,\, \delta_0\right],\, \mathbb{R}^n\right)$ 是关于变量 t 的 T - 周期函数，并且在 $x = 0$ 关于 x 是可逆的，那么变量 $y = h\left(x,\, t,\, \delta\right)$ 满足以下关系式

$$\dot{y} = \frac{\partial h}{\partial t} + \frac{\partial h}{\partial x} f_1\left(x\right) + \delta \frac{\partial h}{\partial x} f_2\left(x,\, t,\, \delta\right) \tag{6.5}$$

如果选取合适的函数使得

$$\frac{\partial h}{\partial t} + \frac{\partial h}{\partial x} f_1\left(x\right) = o\left(\delta\right) \tag{6.6}$$

那么，系统 (6.5) 中 y 的也满足系统 (6.3) 中 x 的方程关系。

定理 6.2　给出系统

$$\begin{cases} \dot{x} = y \\ \dot{y} = -x - \varepsilon\left[h_1(x)y + h_2(x)\right] \end{cases} \tag{6.7}$$

假设函数 $h_1(x)$ 和 $h_2(x)$ 分别是系统中关于变量 x、y 的 n_1 阶和 n_2 阶多项式，则对于足够小的 ε，采用一阶平均法理论，可知非线性系统 (6.7) 从其线性系统中心 $\dot{x} = y$、$\dot{y} = -x$ 的周期闭轨分岔得来的极限环的最多个数为 $\left[\dfrac{n_1}{2}\right]$。

事实上，为了更好地应用一阶平均法，可以把系统 (6.7) 转换为极坐标形式方程，变量为 $(r,\, \theta)$，这里 $x = r\cos\theta$，$y = r\sin\theta$，其中 $r > 0$。若 $h_1(x) = \sum\limits_{i=0}^{n_1} a_i x^i$，$h_2(x) = \sum\limits_{i=0}^{n_2} b_i x^i$，那么系统 (6.7) 可以写为

$$\begin{cases} \dot{r} = -\varepsilon\left(\sum\limits_{i=0}^{n_1} a_i r^{i+1}\cos^i\theta\sin^2\theta + \sum\limits_{i=0}^{n_2} b_i r^i\cos^i\theta\sin\theta\right) \\ \dot{\theta} = -1 - \dfrac{\varepsilon}{r}\left(\sum\limits_{i=0}^{n_1} a_i r^{i+1}\cos^{i+1}\theta\sin\theta + \sum\limits_{i=0}^{n_2} b_i r^i\cos^{i+1}\theta\right) \end{cases} \tag{6.8}$$

接下来，将 θ 看作新的独立变量，因此，系统 (6.8) 将变为

$$\frac{\mathrm{d}r}{\mathrm{d}\theta} = \varepsilon\left(\sum_{i=0}^{n_1} a_i r^{i+1} \cos^i \theta \sin^2 \theta + \sum_{i=0}^{n_2} b_i r^i \cos^i \theta \sin \theta\right) + o\left(\varepsilon^2\right)$$

并且

$$L_{10}(r) = \frac{1}{2\pi} \int_0^{2\pi} \left(\sum_{i=0}^{n_1} a_i r^{i+1} \cos^i \theta \sin^2 \theta + \sum_{i=0}^{n_2} b_i r^i \cos^i \theta \sin \theta\right) \mathrm{d}\theta$$

为了精确地得到其表达式的具体形式，引入以下公式

$$\int_0^{2\pi} \cos^{2l+1} \theta \sin^2 \theta \mathrm{d}\theta = 0, \quad l = 0, 1, \cdots$$

$$\int_0^{2\pi} \cos^{2l} \theta \sin^2 \theta \mathrm{d}\theta = \alpha_{2l} \neq 0, \quad l = 0, 1, \cdots$$

$$\int_0^{2\pi} \cos^l \theta \sin \theta \mathrm{d}\theta = 0, \quad l = 0, 1, \cdots$$

经过一系列计算，可以获得如下表达式

$$L_{10}(r) = \frac{1}{2\pi} \sum_{i=0}^{n_1} a_i \alpha_i r^{i+1}$$

其中，i 为偶数。因此，多项式 $L_{10}(r)$ 至多有 $\left[\dfrac{n_1}{2}\right]$ 个正根，而且，可以通过选取合适的参数 a_i 使得 $L_{10}(r)$ 正好有 $\left[\dfrac{n_1}{2}\right]$ 个正根。

下面考虑初值系统

$$\begin{cases} \ddot{x} + \omega^2 x = \varepsilon f(x, \dot{x}) \\ x(0) = a_0, \ \dot{x}(0) = 0 \end{cases} \tag{6.9}$$

式中，ε 是一足够小的任意小参数；$f(x, \dot{x})$ 是关于变量 x、$\dot{x}$ 的光滑函数。若 ε 不是足够小的参数，即系统会具有强非线性，那么需要根据系统的自身特点对这里的方法进行改进后再用。

为了对上述系统进行分析，对系统 (6.9) 引入如下变换

$$\begin{cases} x(t) = u(t) \cos \varphi(t) \\ \dot{x}(t) = -\omega_0 u(t) \sin \varphi(t) \end{cases} \tag{6.10}$$

其中，

$$\varphi(t) \triangleq \omega_0 t + \phi(t) \tag{6.11}$$

将式 (6.11) 代入式 (6.10) 后计算可得

$$\begin{cases} \dot{x} = \dot{u}\cos\varphi - u\left(\omega_0 + \dot{\phi}\right)\sin\varphi \\ \ddot{x} = -\omega_0\left[\dot{u}\sin\varphi + u\left(\omega_0 + \dot{\phi}\right)\cos\varphi\right] \end{cases} \tag{6.12}$$

将式 (6.9) 和式 (6.10) 代入式 (6.12)，可以获得如下方程

$$\begin{cases} \dot{u}\cos\varphi - u\dot{\phi}\sin\varphi = 0 \\ \dot{u}\sin\varphi + u\dot{\phi}\cos\varphi = -\dfrac{\varepsilon}{\omega_0}f\left(u\cos\varphi, -\omega_0 u\sin\varphi\right) \end{cases} \tag{6.13}$$

经计算解出

$$\begin{cases} \dot{u} = -\dfrac{\varepsilon}{\omega_0}f\left(u\cos\varphi, \ -\omega_0 u\sin\varphi\right)\sin\varphi \\ \dot{\phi} = -\dfrac{\varepsilon}{\omega_0 u}f\left(u\cos\varphi, \ -\omega_0 u\sin\varphi\right)\cos\varphi \end{cases} \tag{6.14}$$

现在，已经利用坐标变换将二阶非线性微分方程等价地转化为一阶微分方程组。虽然实际上并没有得出问题的精确解，但通过式 (6.14) 可以发现：若系统的运动形式如式 (6.14) 所示，那么系统运动的振幅 u 与相位 ϕ 随时间的变化是同阶无穷小量，也可以认为，此时它们较之 φ 变化更为缓慢。

为了问题的简化分析，可以用式 (6.14) 在 φ 变化一周内的平均值来代替，这里将式 (6.14) 写为

$$\begin{cases} \dot{u} = -\dfrac{\varepsilon}{2\pi\omega_0}\int_0^{2\pi}f\left(u\cos\varphi, \ -\omega_0 u\sin\varphi\right)\sin\varphi\mathrm{d}\varphi \\ \dot{\phi} = -\dfrac{\varepsilon}{2\pi\omega_0 u}\int_0^{2\pi}f\left(u\cos\varphi, \ -\omega_0 u\sin\varphi\right)\cos\varphi\mathrm{d}\varphi \end{cases} \tag{6.15}$$

取平均值计算时，式 (6.15) 右端为仅含有振幅 u 作为未知函数的一阶可分离变量微分方程，如此，便可以通过先求解振幅函数 u 后再求得相位函数 ϕ。

定理 6.3 假设存在如下两个系统

$$\dot{x} = \varepsilon f\left(t, x\right) + \varepsilon^2 g\left(t, x, \varepsilon\right), x\left(0\right) = x_0 \tag{6.16}$$

和

$$\dot{z} = \varepsilon \overline{f}(z), z(0) = z_0 \tag{6.17}$$

式中，x、z、x_0 属于一个开集 $\Omega \in \mathbb{R}^n$，同时有 $t \geqslant 0$ 和 $0 < \varepsilon < \varepsilon_0$。已知 f 和 g 都是关于变量 t 的以 T 为周期的周期函数。$\overline{f}(z)$ 是 $f(t,x)$ 关于变量 t 的平均函数，其定义如下

$$\overline{f}(z) = \frac{1}{T} \int_0^T f(t,z) \mathrm{d}t$$

如果以下条件成立：

（1）f、$\dfrac{\partial f}{\partial x}$、$\dfrac{\partial^2 f}{\partial x^2}$、$g$ 和 $\dfrac{\partial g}{\partial x}$ 是在定义域 $[0, \infty) \times \Omega$ 上的连续有界函数，并且其绝对值的上界与 $\varepsilon \in (0, \varepsilon_0]$ 无关。

（2）T 是一个与 ε 无关的常数。

（3）当 $t \in \left[0, \dfrac{1}{\varepsilon}\right]$ 时，$z(t)$ 属于 Ω。

那么，就有如下结论：

（1）在时间尺度 $\dfrac{1}{\varepsilon}$ 上，当 $\varepsilon \to 0$ 时，有 $x(t) - z(t) = O(\varepsilon)$。

（2）如果平均系统式 (6.17) 存在一个平衡点 $p(p \neq 0)$，并且系统在该平衡点处的 Jacobian 矩阵满足

$$\left. \frac{\partial \overline{f}}{\partial z} \right|_{z=p} \neq 0$$

那么系统 (6.16) 存在一个以 T 为周期的周期解 $\varphi(t, \varepsilon)$，经验证得知此周期解为一类极限环，此极限环接近平衡点 p，并且当 $\varepsilon \to 0$ 时有 $\varphi(0, \varepsilon) \to p$。

（3）极限环 $\varphi(t, \varepsilon)$ 具有与平均系统 (6.8) 的平衡点 p 相同的稳定性。

显然，当满足 $d > 0$ 的参数条件时，系统 (6.2) 具有两个平衡点 $(x, y, z) = (\pm\sqrt{d}, 0, 0)$，系统在平衡点 $p_\pm(x, y, z) = (\pm\sqrt{d}, 0, 0)$ 处的特征多项式为

$$p(\lambda) = \lambda^3 - (b \pm c\sqrt{d})\lambda^2 + a\lambda \mp 2\sqrt{d}$$

为保证系统 (6.2) 会有一个 Zero-Hopf 平衡点出现，系统需要具

有一个零特征根和一对纯虚数根。不妨假设 $p(\lambda) = (\lambda - \varepsilon)(\lambda^2 + \delta^2)$，$\delta > 0$，$p(\lambda) - (\lambda - \varepsilon)(\lambda^2 + \delta^2) = 0$，从而，可以得到 $a = \delta^2$，$d = \dfrac{\varepsilon^2 \delta^4}{4}$ 和 $b \pm c\sqrt{d} = \varepsilon$。这也就完成了引理 6.1 的证明。

接下来，本节重点讨论系统 (6.2) 在平衡点 p_- 处呈现极限环的充分条件。

6.2.2　举例说明与应用

为了利用非线性动力系统的局部分岔理论来获得上述系统的极限环等动力学行为，引入变量变换 $(x, y, z) = \left(x_1 - \sqrt{d}, y_1, z_1\right)$ 将平衡点 p_- 移到坐标原点位置。系统在新的状态变量下表达式为

$$
\begin{cases}
\dot{x}_1 = y_1 \\
\dot{y}_1 = z_1 \\
\dot{z}_1 = -2\sqrt{d}\, x_1 - a y_1 + \left(b - c\sqrt{d}\right) z_1 + c x_1 y_1 + x_1^2
\end{cases}
\tag{6.18}
$$

将 $a = \delta^2 + \varepsilon a_0$、$c = c_0 + \varepsilon c_1$、$d = \dfrac{\varepsilon^2 \delta^4}{4}$ 和 $b = \varepsilon\left(1 + \dfrac{c_0 \delta^2}{2}\right) + \varepsilon^2 \dfrac{c_1 \delta^2}{2}$ 代入系统 (6.18) 中，可以得到如下形式（这里 $\varepsilon > 0$，并且是一个很小的值）

$$
\begin{cases}
\dot{x}_1 = y_1 \\
\dot{y}_1 = z_1 \\
\dot{z}_1 = -\varepsilon \delta^2 x_1 - \left(\delta^2 + \varepsilon a_0\right) y_1 + \varepsilon z_1 + \left(c_0 + \varepsilon c_1\right) x_1 y_1 + x_1^2
\end{cases}
\tag{6.19}
$$

进一步对系统 (6.19) 的状态变量进行放缩 $(x_1, y_1, z_1) = (\varepsilon X, \varepsilon Y, \varepsilon Z)$，会得到系统

$$
\begin{cases}
\dot{X} = Y \\
\dot{Y} = X \\
\dot{Z} = -\varepsilon \delta^2 - \left(\delta^2 + \varepsilon a_0\right) Y + \varepsilon Z + \varepsilon\left(c_0 + \varepsilon c_1\right) XZ + \varepsilon X^2
\end{cases}
\tag{6.20}
$$

系统 (6.20) 在原点处的线性矩阵的 Jordan 型矩阵为

$$
\boldsymbol{J} = \begin{pmatrix} 0 & -\delta & 0 \\ \delta & 0 & 0 \\ 0 & 0 & 0 \end{pmatrix}
\tag{6.21}
$$

在计算过程中，为了获得系统 (6.20) 在原点处的系数矩阵为它的 Jordan 型矩阵，需要对状态变量线性变换 $(X, Y, Z) \to (u, v, \omega)$，即

$$\begin{pmatrix} X \\ Y \\ Z \end{pmatrix} = \begin{pmatrix} 0 & -1 & 1 \\ -\delta & 0 & 0 \\ 0 & \delta^2 & 0 \end{pmatrix} \begin{pmatrix} u \\ v \\ \omega \end{pmatrix} \tag{6.22}$$

这样，系统 (6.20) 在新的状态变量下便具有如下形式

$$\begin{cases} \dot{u} = -\delta v \\ \dot{v} = \delta u + \varepsilon g_1(u, v, \omega) + \varepsilon^2 g_2(u, v, \omega) \\ \dot{\omega} = \varepsilon g_1(u, v, \omega) + \varepsilon^2 g_2(u, v, \omega) \end{cases} \tag{6.23}$$

其中，

$$g_1(u, v, \omega) = \frac{a_0 u}{\delta} + 2v - \omega + \frac{(v - \omega)\left[(1 - c_0\delta^2)v - \omega\right]}{\delta^2}$$

$$g_2(u, v, \omega) = c_1 v(-v + \omega)$$

引入柱坐标变换 $u = r\cos\theta$、$v = r\sin\theta$、$\omega = \omega$，系统式 (6.23) 的状态变量可以转化为新的柱坐标 (r, θ, ω)，在新的坐标下系统式 (6.23) 改写为

$$\begin{cases} \dot{r} = \varepsilon \sin\theta g_1(r\cos\theta, r\sin\theta, \omega) + \varepsilon^2 \sin\theta g_2(r\cos\theta, r\sin\theta, \omega) \\ \dot{\omega} = \varepsilon g_1(r\cos\theta, r\sin\theta, \omega) + \varepsilon^2 g_2(r\cos\theta, r\sin\theta, \omega) \\ \dot{\theta} = \delta + \varepsilon \dfrac{\cos\theta}{r} g_1(r\cos\theta, r\sin\theta, \omega) + \varepsilon^2 \dfrac{\cos\theta}{r} g_2(r\cos\theta, r\sin\theta, \omega) \end{cases} \tag{6.24}$$

下面，令 θ 作为系统式 (6.24) 的新变量，那么可以得到

$$\begin{cases} \dfrac{\mathrm{d}r}{\mathrm{d}\theta} = \varepsilon \dfrac{\sin\theta}{\delta} g_1(r\cos\theta, r\sin\theta, \omega) + O(\varepsilon^2) \\ \dfrac{\mathrm{d}\omega}{\mathrm{d}\theta} = \varepsilon \dfrac{1}{\delta} g_1(r\cos\theta, r\sin\theta, \omega) + O(\varepsilon^2) \end{cases} \tag{6.25}$$

取 $t = \theta$、$T = 2\pi$、$z = (r, \omega)^{\mathrm{T}}$ 以及 $F(r, \omega, \theta) = \left[F_1(r, \omega, \theta), F_2(r, \omega, \theta)\right] = \dfrac{g_1}{\delta}(\sin\theta, 1)$，计算平均函数 $\bar{f}(r, \omega) = \left[f_1(r, \omega), f_2(r, \omega)\right]$，可以得到

$$\begin{cases} f_1(r,\omega) = \dfrac{1}{2\pi}\int_0^{2\pi} F_1(r,\omega,\theta)\,\mathrm{d}\theta = \dfrac{2r\delta^2 + (c_0\delta^2 - 2)r\omega}{2\delta^3} \\[4mm] f_2(r,\omega) = \dfrac{1}{2\pi}\int_0^{2\pi} F_2(r,\omega,\theta)\,\mathrm{d}\theta = \dfrac{-2\omega\delta^2 + 2\omega^2 + (1 - c_0\delta^2)r^2}{2\delta^3} \end{cases}$$

可以发现满足 $f_1(r,\omega) = f_2(r,\omega) = 0$、$r^* > 0$ 的解有且只有一个，即 (r^*, ω^*)，

其中，$r^* = \sqrt{\dfrac{4c_0\delta^6}{(c_0\delta^2 - 2)^2 (c_0\delta^2 - 1)}}$，$\omega^* = \dfrac{2\delta^2}{2 - c_0\delta^2}$

平均系统在点 (r^*, ω^*) 处 Jacobian 行列式的值为 $\dfrac{2c_0}{c_0\delta^2 - 2} \neq 0$。此时，上述系统的 Jacobian 矩阵为

$$\dfrac{\partial(f_1, f_2)}{\partial(r,\omega)}\bigg|_{(r,\omega)=(r^*,\omega^*)} = \begin{pmatrix} 0 & \dfrac{r^*(c_0\delta^2 - 2)}{2\delta^3} \\[4mm] \dfrac{r^*(1 - c_0\delta^2)}{\delta^3} & \dfrac{2 + c_0\delta^2}{\delta(2 - c_0\delta^2)} \end{pmatrix}$$

通过计算可得如下表达式的两个特征值

$$\lambda_{1,2} = \dfrac{2 + c_0\delta^2}{2\delta(2 - c_0\delta^2)} \pm \dfrac{1}{2}\sqrt{\dfrac{(2 + c_0\delta^2)^2 + 8c_0\delta^2(2 - c_0\delta^2)}{\delta^2(2 - c_0\delta^2)^2}}$$

根据定理 6.3 可知，对于充分小的 $\varepsilon > 0$，函数 $\overline{f}$ 存在根 (r^*, ω^*)，表示系统 (6.25) 存在一个周期解 $[r(\theta,\varepsilon), \omega(\theta,\varepsilon)]$，并且 $[r(\theta,\varepsilon), \omega(\theta,\varepsilon)] - (r^*, \omega^*) = O(\varepsilon)$。这意味着系统有如下一个周期解

$$[r(\theta,\varepsilon), \omega(\theta,\varepsilon)] = [r^* + O(\varepsilon), \omega^* + O(\varepsilon)]$$

对应系统 (6.24) 就有一个以 T_ε 为周期的周期解，如下所示

$$[r(t,\varepsilon), \omega(t,\varepsilon), \theta(t,\varepsilon)] = [r^* + O(\varepsilon), \omega^* + O(\varepsilon), \delta t + O(\varepsilon)]$$

对应系统 (6.23) 也有如下周期解

$$[u(t,\varepsilon), v(t,\varepsilon), \omega(t,\varepsilon)] = [r^*\cos\delta t + O(\varepsilon), r^*\sin\delta t + O(\varepsilon), \omega^* + O(\varepsilon)]$$

此时，应用变量变换式 (6.22)，可以获得系统 (6.20) 的周期解

$$\left[X(t,\varepsilon),Y(t,\varepsilon),Z(t,\varepsilon)\right]=\left[\omega^{*}-r^{*}\sin\delta t+O(\varepsilon),-\delta r^{*}\cos\delta t+O(\varepsilon),\right.$$
$$\left.\delta^{2}r^{*}\sin\delta t+O(\varepsilon)\right]$$

相应的，系统 (6.19) 就有如下周期解

$$\left[x_{1}(t,\varepsilon),y_{1}(t,\varepsilon),z_{1}(t,\varepsilon)\right]=\left[-\varepsilon\delta r^{*}\cos\delta t+O(\varepsilon^{2}),\varepsilon\delta^{2}r^{*}\sin\delta t+O(\varepsilon^{2}),\right.$$
$$\left.\varepsilon\omega^{*}-\varepsilon r^{*}\sin\delta t+O(\varepsilon^{2})\right]$$

最终可推导得到，对于充分小的 $\varepsilon>0$，Jerk 系统 (6.2) 有如下周期解

$$\left[x(t,\varepsilon),y(t,\varepsilon),z(t,\varepsilon)\right]=\left[-\varepsilon\delta r^{*}\cos\delta t+O(\varepsilon^{2}),\ \varepsilon\delta^{2}r^{*}\sin\delta t+O(\varepsilon^{2}),\right.$$
$$\left.\varepsilon\omega^{*}-\varepsilon r^{*}\sin\delta t-\frac{\varepsilon\delta^{2}}{2}+O(\varepsilon^{2})\right]$$

重复以上类似的计算方法和步骤，可以获得点 p_{+}，并且，发现点 p_{+} 满足的特性跟上述 p_{-} 结果类似，所以在这里将其具体过程作了省略。

经过上述计算和分析结果得知，当 $\varepsilon\to0$ 时，系统 (6.2) 有一个极限环可以从 Zero-Hopf 平衡分岔点冒出来。根据定理 6.3 可知，此极限环 $\varphi(t,\varepsilon)$ 的稳定性与平均系统的平衡点 $p=(r^{*},\omega^{*})$ 的稳定性一致。

在以上理论及计算的基础上，这里选取参数值为 $\delta=1$、$a_{0}=1$、$c_{0}=1$、$c_{1}=1$ 以及 $\varepsilon=0.1$，通过软件 Mathematica 进行数值模拟，发现系统 (6.2) 在坐标原点分岔点确实呈现一个极限环，如图 6.1 所示。

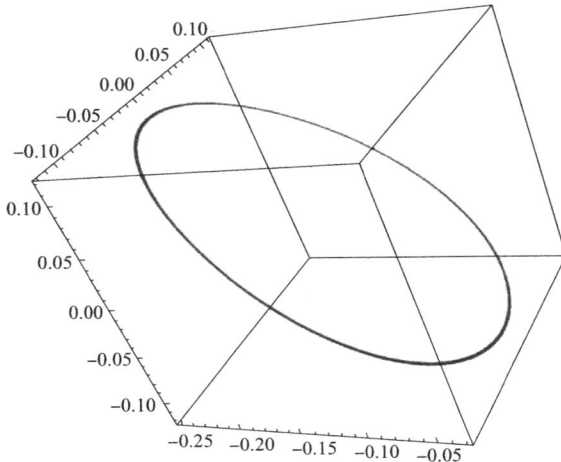

图 6.1　系统 (6.2) 从原点处分岔出的极限环

6.3
含参非线性扰动系统的闭轨分岔分析

本节研究一类含参非线性系统的闭轨分岔问题，找到并确定系统在平衡点附近的极限环及其稳定性。在理论推导过程中，将基于后继函数法，引入曲线坐标变换找到系统的后继函数，进而判断该闭轨是否为二重极限环，以期发现该系统极限环随参数变化从无到有，再到分裂为多个极限环的闭轨分岔现象。最后通过数值模拟来验证理论分析的有效性。

6.3.1　后继函数法

庞卡莱首先提出了后继函数法、小参数法和环域定理等重要理论。其中，后继函数法在研究一些多项式动力系统的极限环的存在性、稳定性以及重次等性质时具有重要的作用，这一理论也进一步推动了非线性系统分岔问题的深入研究，如闭轨分岔、庞卡莱分岔等。近些年来，闭轨分岔问题是动力系统的分岔现象研究的一个热点问题，它既是一种局部分岔，又是动态分岔。当前，已有研究者对各类不同的动力系统进行极限环及闭轨分岔分析，并得到了丰富的结论[32-35]。

这里先给出系统

$$\begin{cases} \dot{x} = \begin{pmatrix} 2\lambda_L & -1 \\ \lambda_L^2 - 1 & 0 \end{pmatrix} \begin{pmatrix} x \\ y \end{pmatrix} - \begin{pmatrix} 0 \\ \alpha_L \end{pmatrix}, & x < 0 \\ \dot{y} = \begin{pmatrix} 2\lambda_R & -1 \\ \lambda_R^2 + 1 & 0 \end{pmatrix} \begin{pmatrix} x \\ y \end{pmatrix} - \begin{pmatrix} -\xi \\ \alpha_R \end{pmatrix}, & x > 0 \end{cases} \tag{6.26}$$

为了更好地介绍后继函数来研究后面系统的极限环问题，给出以下引理。

引理 6.2　若给定解 $y^\dagger$，那么系统 (6.26) 有通过点 $\left(0, y^\dagger\right)^T$ 的极限环，此极限环同样满足等式 $d\left(y^\dagger; \alpha\right)^T = 0$，同时成立 $\mathrm{sign}\left[d\left(y^\dagger; \alpha\right)\right] = \mathrm{sign}\left[y_0 - M\left(y_0; \alpha\right)\right] = \mathrm{sign}\left[1 - M'\left(y^\dagger; \alpha\right)\right]$，其中 $M\left(y_0; \alpha\right) = M_R\left[M_L\left(y_0\right); \alpha\right]$。

已经知道 $d\left(y^\dagger;\,\alpha\right)=0$ 等同于式 $M_L\left(y^\dagger\right)=M_R^{-1}\left(y^\dagger;\,\alpha\right)$，即 $M\left(y^\dagger;\,\alpha\right)=y^\dagger$。若令 $\eta^*=d_R^{-1}\left[d_L\left(y^\dagger\right);\,\alpha\right]$，则有 $y^\dagger=\eta^*$，而且有

$$d'\left(y^\dagger;\,\alpha\right)=1-\frac{d_L'\left(y^\dagger\right)}{d_R'\left(y^\dagger;\,\alpha\right)}=\frac{M'\left(y^\dagger;\,\alpha\right)-1}{M_R'\left[M_L\left(y^\dagger;\,\alpha\right)\right]-1}$$

由于 $M_R\left(y^\dagger;\,\alpha\right)$ 是关于变量 α 单调递减的函数，因此 $M_R'\left[M_L\left(y^\dagger;\,\alpha\right)\right]-1\leqslant-1$，从而有 $\mathrm{sign}\left[d'\left(y^\dagger;\,\alpha\right)\right]=\mathrm{sign}\left[1-M'\left(y^\dagger;\,\alpha\right)\right]$。考虑到 $d\left(y_0;\,\alpha\right)=d_R^{-1}\left[d_R\left(y_0;\,\alpha\right);\alpha\right]-d_R^{-1}\left[d_L\left(y_0\right);\alpha\right]$ 和 $d_R^{-1}\left(\cdot;\,\alpha\right)$ 的单调性，可以推导得到

$$\mathrm{sign}\left[d\left(y_0;\,\alpha\right)\right]=\mathrm{sign}\left[d_R\left(y_0;\,\alpha\right)-d_L\left(y_0\right)\right]$$

因为

$$\begin{aligned}d_R\left(y_0;\,\alpha\right)-d_L\left(y_0\right)&=M_L\left(y_0\right)-M_R^{-1}\left(y_0;\,\alpha\right)\\&=M_R^{-1}\left[M\left(y_0;\,\alpha\right);\,\alpha\right]-M_R^{-1}\left(y_0;\,\alpha\right)\end{aligned}$$

和 $M_R^{-1}\left(\cdot;\,\alpha\right)$ 具有单调性，有

$$\mathrm{sign}\left[d\left(y_0;\,\alpha\right)\right]=\mathrm{sign}\left[y_0-M\left(y_0;\,\alpha\right)\right]$$

为了进一步讨论 $d\left(\cdot;\,\alpha\right)$ 的更多有效性质，令 $\delta=d_L\left(y_0\right)\geqslant0$ 作为参数，得到 $d\left(\cdot;\,\alpha\right)$ 的参数表达式为

$$\begin{cases}y_0=d_L^{-1}\left(\delta\right)\\d\left(y_0;\,\alpha\right)=d_L^{-1}\left(\delta\right)-d_R^{-1}\left(\delta;\,\alpha\right)\end{cases}\tag{6.27}$$

定义

$$M\left(\delta\right)=d_L^{-1}\left(\delta\right),\ \ N\left(\delta;\,\alpha\right)=d_R^{-1}\left(\delta;\,\alpha\right)\tag{6.28}$$

则可以将 $d\left(\cdot;\,\alpha\right)$ 的参数表示式改写为

$$\begin{cases}y_0=M\left(\delta\right)\\d\left(y_0;\,\alpha\right)=M\left(\delta\right)-N\left(\delta;\,\alpha\right)\end{cases}\ \ \delta\geqslant0\tag{6.29}$$

为了更好地研究 $d\left(\cdot;\,\alpha\right)$ 的性质，需要先分析 $M\left(\delta\right)$ 和 $d\left(\delta;\,\alpha\right)$ 的一些特性。由 $\delta=d_L\left(y_0\right)$ 和 $M\left(\delta\right)=d_L^{-1}\left(\delta\right)$，在 $t\geqslant0$ 时，可以得出 $M(\cdot)$ 的参数形式为

$$\begin{cases} \delta = y_0^L - y_1^L \\ M(\delta) = y_0^L \end{cases} \tag{6.30}$$

同理，在 $t \in (0, \pi)$ 和 $\theta_R < 0$ 时，也可以获得 $N(\cdot;\alpha)$ 的参数表示形式为

$$\begin{cases} \delta = y_1^R(t;\alpha) - y_0^R(t;\alpha) \\ N(\delta;\alpha) = y_1^R(t;\alpha) \end{cases} \tag{6.31}$$

综合考虑式 (6.30) 和式 (6.31) 的参数表达式，以及 $y_1^R(\cdot;\alpha) = y_1^R(\cdot;0) + \alpha$ 和 $y_1^R(\cdot;\alpha) - y_0^R(\cdot;\alpha) = y_1^R(\cdot;0) - y_0^R(\cdot;0)$，可以推导得出如下引理。

引理 6.3 对于式 (6.28) 中定义的函数 $N(\cdot)$，以下结论成立：

（1）当 $M(0) = 0$ 时，有 $\lim\limits_{\delta \to +\infty} M(\delta) = +\infty$；

（2）当 $M'(0) = \dfrac{1}{2}$、$\delta > 0$ 时，有 $\lim\limits_{\delta \to +\infty} M'(\delta) = 1 M'(\delta) > 0$；

（3）当 $M''(0) = \dfrac{\lambda_L}{3\theta_L}$、$\delta > 0$ 时，有 $M''(\delta) = -\text{sign}\lambda_L$。

引理 6.4 若 $\theta_R < 0$，则式 (6.28) 中定义的函数 $N(\cdot;\alpha)$ 满足以下性质：

（1）当 $N(\alpha;\alpha) = 0$ 时，有 $\lim\limits_{\delta \to +\infty} N(\delta;\alpha) = +\infty$；

（2）当 $N'(\alpha;\alpha) = \dfrac{1}{2}$、$\delta > 0$ 时，有 $\lim\limits_{\delta \to +\infty} N'(\delta;\alpha) = \dfrac{e^\lambda R^\pi}{1 + e^\lambda R^\pi} N'(\delta;\alpha) > 0$；

（3）当 $N''(\alpha;\alpha) = -\dfrac{\lambda_R}{3\theta_R}$ 时，有 $\text{sign} N''(\delta;\alpha) = -\text{sign}\lambda_R$；

（4）$N(\delta;\alpha) = N(\delta;0) + \alpha$。

接下来，为了计算及应用地方便，特别地，在 $\alpha = 0$ 时，定义 $\bar{d}(y_0) = d(y_0;0)$，可得如下引理。

引理 6.5 假设 $\theta_R < 0$，则下列结论成立：

（1）若 $y_0 \in [0, +\infty)$，有 $d(y_0;0) = \bar{d}(y_0) - \alpha$；

（2）$\bar{d}(0) = \bar{d}'(0) = 0, \bar{d}''(0) = \dfrac{4}{3}\left(\dfrac{\lambda_R}{\theta_R} - \dfrac{\lambda_L}{\theta_L}\right)$；

（3）$\lim\limits_{y_0 \to +\infty} \bar{d}(y_0) = +\infty, \lim\limits_{y_0 \to +\infty} \bar{d}'(y_0) = \dfrac{1}{1 + e^\lambda R^\pi}$；

（4）若 $\lambda_R < 0$，则 $\bar{d}'(y_0) > 0$；

（5）对于系统 (6.26)，若 $\bar{d}'(y^\dagger) > 0$（或 < 0），则系统存在一渐近稳定的极限环（或不稳定）通过点 $(0; y^\dagger)^{\mathrm{T}}$。

基于以上理论基础，本节研究如下平面多项式自治系统

$$\begin{cases} \dot{x} = P(x, y) = -y - x(x^2 + y^2 - 1)^2 + \lambda x \\ \dot{y} = Q(x, y) = x - y(x^2 + y^2 - 1)^2 + \lambda y \end{cases} \tag{6.32}$$

式中，P、Q 是 x-y 二维平面上的连续函数，且满足解的存在唯一性条件；λ 为扰动小参数。

如果点 A_0 是系统 (6.32) 的一个常点，那么在该点处的向量场 $(P, Q)\big|_{A_0}$ 就有了确定的方向，任取一条过点 A_0 且与该向量方向不同的直线 L，在点 A_0 的某个足够小的邻域里，可以做到邻域内的任意点处的向量场方向都与直线 L 的方向不同，那么，取此领域内 L 的部分线段来作为点 A_0 的无切线段 $\overline{MN}$。系统 (6.32) 从 A_0 点出发的轨线，如果在一段时间后仍会与 $\overline{MN}$ 再次相交，那么该交点 $\overline{A_0}$ 就是 A_0 点的后继点。为了定义 $\overline{MN}$ 上的点的坐标，需要在无切线段 $\overline{MN}$ 上取一个正向，记点 A_0 及其后继点 $\overline{A_0}$ 在 $\overline{MN}$ 上的坐标分别为 u 和 $\bar{u}$，于是根据上述的点变换可以定义一个后继函数 $h(u) = g(u) - u$，其中 $\bar{u} = g(u)$。

为了揭示后继函数与极限环存在性和稳定性的关系，给出如下定理。

定理 6.4 如果后继函数 $h(u)$ 满足

$$h(u_0) = h'(u_0) = \cdots = h^{(k-1)}(u_0) = 0, \ h^{(k)}(u_0) \neq 0$$

式中，k 为正整数，则 Γ_0 称为 k 重极限环。若 k 为奇数，$h^{(k)}(u_0) < 0$（或 >0），则 Γ_0 是稳定（或不稳定）极限环；若 k 为偶，$h^{(k)}(u_0) < 0$（或 >0），则 Γ_0 是外侧稳定而内侧不稳定（或外侧不稳定而内侧稳定）极限环。

6.3.2 分岔周期解的方向和稳定性

多项式系统 (6.32) 的未扰系统，即 $\lambda = 0$ 时的系统为

$$\begin{cases} \dot{x} = -y - x(x^2 + y^2 - 1)^2 \\ \dot{y} = x - y(x^2 + y^2 - 1)^2 \end{cases} \tag{6.33}$$

引入极坐标后，系统 (6.32) 又可以转化为

$$\begin{cases} \dot{r} = -r\left[\left(r^2-1\right)^2 - \lambda\right] \\ \dot{\theta} = 1 \end{cases} \tag{6.34}$$

显然当 $\lambda = 0$ 时，系统 (6.34) 是未扰系统 (6.33) 的极坐标形式，系统 (6.33) 有一个半径 $r = 1$ 的极限环，记为 Υ，其表达式为

$$x^2 + y^2 - 1 = 0$$

针对系统 (6.32) 考虑在 Υ 的邻域中引入新的曲线坐标 (θ, r)，对于 Υ 附近的任何一点 A，存在唯一的点 $A_0 \in \Upsilon$，使得点 A 在过点 A_0 的法线 $\overline{A_0 N}$ 上。令 θ 为点 A_0 到 Υ 上固定点的弧长，n 为法线，由 A_0 到 A 的有向距离为 $\rho(A_0, A)$（取外法线方向为正向）。考虑到点 A_0 处的外法线上单位向量为 $\boldsymbol{n}^0 = (-\cos\theta, -\sin\theta)$ 于是，点 A 的直角坐标 (x, y) 和曲线坐标 (θ, n) 之间有如下关系

$$x = \cos\theta + n\cos\theta, \ y = \sin\theta + n\sin\theta \tag{6.35}$$

在曲线坐标系中，坐标曲线 θ 为常数是过点 $(\cos\theta, \sin\theta)$ 的法线，显然法线 $\theta = 0$ 和 $\theta = 2\pi$ 重合，坐标曲线 θ 为常数是闭曲线（也就是以原点为圆心的圆），其中 $n = 0$ 就是闭轨 Υ，$n > 0$ 在 Υ 外侧，$n < 0$ 在 Υ 内侧。

坐标变换式 (6.35) 的雅可比 (Jacobian) 行列式为

$$D = \frac{\partial(x, y)}{\partial(\theta, n)} = \begin{vmatrix} -\sin\theta + n\sin\theta & -\cos\theta \\ \cos\theta - n\cos\theta & -\sin\theta \end{vmatrix} = -n - 1$$

显然，对任何 θ 都有 $D = -n - 1$，因此，存在足够小的 $\delta > 0$，使得当 $|n| < \delta$ 时有 $D \neq 0$。这表明，在闭曲线 $n = -\delta$ 和 $n = \delta$ 之间的环形邻域内，若 $\theta \in [0, 2\pi)$，则两种坐标是一一对应的。

在环域 $|n| < \delta$ 内，将变换式 (6.35) 代入系统 (6.34)，有

$$\begin{cases} (-\sin\theta - n\sin\theta)\dot{\theta} + \dot{n}\cos\theta = -(\sin\theta + n\sin\theta) - (\cos\theta + n\cos\theta)\left(n^2 + 2n\right)^2 \\ (\cos\theta + n\cos\theta)\dot{\theta} + \dot{n}\sin\theta = \cos\theta + n\cos\theta - (\sin\theta + n\sin\theta)\left(n^2 + 2n\right)^2 \end{cases}$$

由此可以解出 $\dot{\theta}$、$\dot{n}$ 为

$$\begin{cases} \dot{\theta} = 1 \\ \dot{n} = -n^2 (1+n)(2+n)^2 \end{cases}$$

将上面系统中的两式相除，得到一个关于 θ 与 n 的微分方程

$$\frac{\mathrm{d}n}{\mathrm{d}\theta} = -n^2 (1+n)(2+n)^2 = F(\theta, n) \tag{6.36}$$

由于函数 $F(\theta, n)$ 在邻域内连续可微，故此邻域内的每一点，方程 (6.36) 都有唯一解。特别地，$\theta = 0$、$n = 0$ 的解为闭轨 Υ。

记方程 (6.36) 满足初始条件 $\theta = 0$、$n = n_0$（$|n_0|$ 充分小）的解为

$$n = \Phi(\theta, n_0) \tag{6.37}$$

取法线 $\theta = 0$ 上 $|n|$ 充分小的一段作为无切线段。

由以上论述可知，当 $|n_0|$ 充分小时，若轨线 [式 (6.37)] 在 $\theta = 2\pi$ 时再次与此无切线段相交，那就可以按照这个后继点的坐标给出后继函数为

$$g(n_0) = \Phi(2\pi, n_0)$$

$$h(n_0) = g(n_0) - n_0 = \Phi(2\pi, n_0) - n_0$$

由于闭轨 Υ 对应 $n = \Phi(\theta, 0) \equiv 0$，因此有 $g(0) = h(0) = 0$。

为了进一步确定闭轨的稳定性，下面将考虑式 (6.36)，其右端函数 $F(\theta, n)$ 满足

$$F(\theta, 0) = 0, \ F_n'(\theta, 0) = 0, \ F_n''(\theta, 0) = -8$$

由于式 (6.36) 展开到二次项的展开式为 $\dfrac{\mathrm{d}n}{\mathrm{d}\theta} = -4n^2 + o(n^2)$，将其沿轨线进行积分有

$$\int_{n_0}^{n} \frac{\mathrm{d}n}{n^2} = \int_0^{\theta} -4 \mathrm{d}\theta, \ n = \Phi(\theta, n_0) = \frac{1}{4\theta + \dfrac{1}{n_0}} = \frac{n_0}{4\theta n_0 + 1}$$

令 $\theta = 2\pi$，得到系统的后继函数为

$$h(n_0) = \Phi(2\pi, n_0) - n_0 = \frac{-8\pi n_0^2}{8\pi n_0 + 1}$$

满足 $h'(0)=0$，$h''(0)=-16\pi<0$。由定理 6.4 可知 $\varUpsilon$ 是外侧稳定、内侧不稳定的二重极限环。

接下来，继续考虑原非线性系统 (6.32) 的闭轨分岔问题。 当 $\lambda<0$ 时，$O(0,0)$ 为系统 (6.32) 唯一的稳定平衡点；而当 $0<\lambda<1$ 时，系统 (6.32) 有两个极限环，它们的轨线方程为

$$x^2+y^2=1\pm\lambda \tag{6.38}$$

并且，当 $\lambda\to0$ 时，轨线 [式 (6.38)] 以 $\lambda=0$ 时的二重环 $\varUpsilon$ 为极限位置。

6.4
数值模拟

本节将根据系统中参数的不同取值来观察非线性系统的闭轨分岔发生的过程。结合以上理论分析和计算结果，利用 MATLAB 软件绘图可得系统 (6.32) 的动力学响应，对于不同取值的 λ，分别给出系统 (6.32) 在 $x^2+y^2=1$ 邻近位置的相轨迹，具体形态如图 6.2 ～图 6.4 所示。

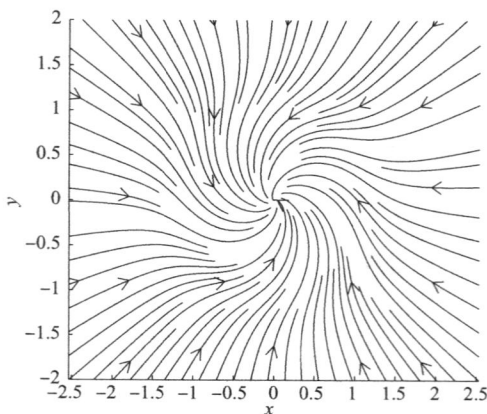

图 6.2　当 $\lambda=-1$ 时，系统 (6.32) 的相轨迹

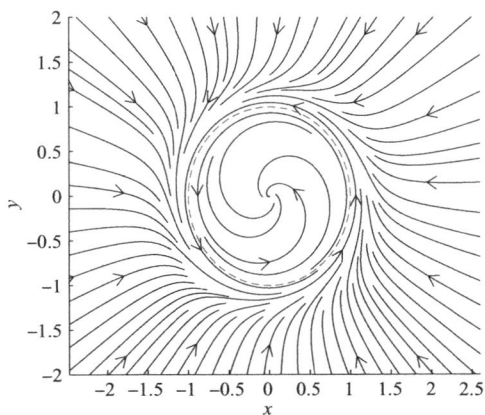

图 6.3 当 λ =0 时，系统 (6.32) 的相轨迹

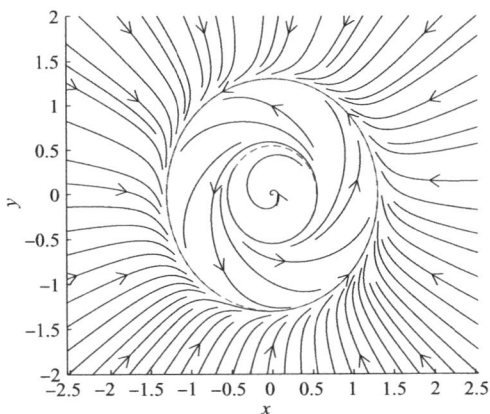

图 6.4 当 λ =0.49 时，系统 (6.32) 的相轨迹

6.5
本章小结

　　本章先介绍了部分关于一阶平均法的相关理论，然后应用平均法研究了一类 Jerk 系统的 Zero-Hopf 分岔现象。此系统含有四个未知参数，

验证发现随着系统参数在不同范围区域中变化，系统会有极限环从分岔点处冒出来等特殊的动力学特性。

本章对不稳定周期解的研究成果有助于人们更好地理解动力系统中隐藏的、复杂的混沌现象，比如从 Zero-Hopf 平衡点处分岔出的不稳定周期解会被认为是系统混沌行为的特殊代表。然而，系统的混沌现象与 Zero-Hopf 分岔出周期轨道之间的关系目前尚未完全清晰，因此，分析 Jerk 系统的复杂动力学行为是十分必要的，这类问题可以作为一个未来的延展研究问题。

本章 6.3 节借助于后继函数法分析了一类非线性自治系统的闭轨分岔问题。通过对后继函数的不同定义得出的相关引理和定理，选择合适的坐标变换，获得了一类非线性多项式系统的后继函数显式表达式，继而着重讨论了系统存在的极限环及其稳定性等动力学响应。最后，通过 MATLAB 进行数值模拟，验证了以上过程中理论分析的正确性，并获得了此类多项式系统的动力学响应特性。

注意，基于本章中所述内容的应用，此处列出的平均法，只计入了无穷小量的一次近似导出过程，Krylov 等学者根据严格的渐近分析理论基础，提出了更高次近似的平均法计算方式，有需要的读者可自行查阅。

参考文献

[1] Sprott J C. Some simple chaotic flows. Physical Review E, 1994, 50(2): R647.

[2] Sprott J C. Some simple chaotic Jerk functions. American Journal of Physics, 1997, 65(6): 537-543.

[3] Rech P C. Self-excited and hidden attractors in a multistable Jerk system. Chaos, Solitons & Fractals, 2022(164): 112614.

[4] Kengne L K, Tagne H T K, Pone J R M, et al. Dynamics, control and symmetry-breaking aspects of a new chaotic Jerk system and its circuit implementation. The European Physical Journal Plus, 2020, 135(3): 340.

[5] Chiu R, López-Mancilla D, Castañeda C E, et al. Design and implementation of a Jerk circuit using a hybrid analog-digital system. Chaos, Solitons & Fractals, 2019(119): 255-262.

[6] Louodop P, Kountchou M, Fotsin H, et al. Practical finite-time synchronization of Jerk systems: theory and experiment. Nonlinear Dynamics, 2014(78): 597-607.

[7] Kengne J, Njitacke Z T, Fotsin H B. Dynamical analysis of a simple autonomous Jerk

system with multiple attractors. Nonlinear Dynamics, 2016, 83 (1-2): 751-765.

[8] Folifack S V R, Fozin T, Kountchou M, et al. Chaotic Jerk system with hump structure for text and image encryption using DNA coding. Circuits, Systems, and Signal Processing, 2021(40): 4370-4406.

[9] Njitacke Z T, Feudjio C, Signing V F, et al. Circuit and microcontroller validation of the extreme multistable dynamics of a memristive Jerk system: application to image encryption. The European Physical Journal Plus, 2022, 137(5): 619.

[10] Chen H, He S B, Azucena A D P, et al. A multistable chaotic Jerk system with coexisting and hidden attractors: Dynamical and complexity analysis, FPGA-based realization, and chaos stabilization using a robust controller. Symmetry-Basel, 2020, 12(4): 569.

[11] Çiçek S, Kocamaz U E, Uyaroglu Y. Secure chaotic communication with Jerk chaotic system using sliding mode control method and its real circuit implementation. Iranian Journal of Science and Technology-Transactions of Electrical Engineering, 2019, 43(4): 687-698.

[12] Ni J K, Liu L, Liu C X, et al. Fixed-time dynamic surface high-order sliding mode control for chaotic oscillation in power system. Nonlinear Dynamics, 2016, 86 (1): 401-420.

[13] Vaidyanathan S, Hannachi F, Moroz I M, et al. A new chaotic Jerk system with a sinusoidal nonlinearity, its bifurcation analysis, multistability, circuit design and complete synchronization design via backstepping control. Archives of Control Sciences, 2024, 34 (2): 301-322.

[14] 叶彦谦, 等. 极限环论. 上海: 上海科学技术出版社, 1984.

[15] 李娜. 几类平面多项式系统的极限环分支和局部临界周期分支. 上海: 上海师范大学, 2015.

[16] 刘玉娟. 三维竞争 Ricker 系统的 Hopf 分支和极限环个数的研究. 上海: 上海师范大学, 2020.

[17] 甘晓亮. 极限环系统 Lyapunov 函数的存在性研究. 上海: 上海大学, 2021.

[18] 耿伟. 光滑和非光滑系统的极限环分支. 上海: 上海师范大学, 2023.

[19] Cao H Y, Zhao L. A new chaotic system with different equilibria and attractors. European Physical Journal-Special Topics, 2021, 230 (7-8): 1905-1914.

[20] Algaba A, Merino M, Qin B W, et al. Study of a dynamical system with a strange attractor and invariant tori, Physics Letters A 2019, 383 (13) : 1441-1449.

[21] Anwar M S, Sar G K, Ray A, et al. Behavioral study of a new chaotic system. European Physical Journal-Special Topics, 2020, 229 (6-7) : 1343-1350.

[22] Kengne J, Njitacke Z T, Fotsin H B. Dynamical analysis of a simple autonomous Jerk system with multiple attractors. Nonlinear Dynamics, 83 (1-2): 751-765.

[23] Chen M, Feng Y, Bao H, et al. Hybrid state variable incremental integral for reconstructing extreme multistability in memristive Jerk system with cubic nonlinearity. Complexity, 2019, 8549472.

[24] Huang L L, Liu S, Xiang J H, et al. Design and multistability analysis of memristor-based jerk hyperchaos system with controllable offset. European Physical Journal-Special Topics, 2022, 231 (16-17): 3067-3077.

[25] Mezatio B A, Motchongom M T, Tekam B R W, et al. A novel memristive 6D hyperchaotic autonomous system with hidden extreme multistability. Chaos Solitons & Fractals, 2019(120): 100-115.

[26] Negou A N, Kengne J. Dynamic analysis of a unique Jerk system with a smoothly adjustable symmetry and nonlinearity: Reversals of period doubling, offset boosting and coexisting bifurcations. Aeu-International Journal of Electronics and Communications, 2018(90): 1-19.

[27] Tuna M, Karthikeyan A, Rajagopal K, et al. Hyperjerk multiscroll oscillators with megastability: Analysis, FPGA implementation and a novel ANN-ring-based True Random Number Generator. Aeu-International Journal of Electronics and Communications, 2019(112): 152941.

[28] Yu S M, Tang W K S, Lü J H, et al. Design and implementation of multi-wing butterfly chaotic attractors via Lorenz-type systems. International Journal of Bifurcation and Chaos, 2010, 20 (1): 29-41.

[29] Kengne J. Coexistence of chaos with hyperchaos, period-3 doubling bifurcation, and transient chaos in the hyperchaotic oscillator with gyrators. International Journal of Bifurcation and Chaos, 2015, 25 (4):1550052.

[30] Kirk V, Rucklidge A M. The effect of symmetry breaking on the dynamics near a structurally stable heteroclinic cycle between equilibria and a periodic orbit. Dynamical Systems-an International Journal, 2008, 23 (1): 43-74.

[31] Sanders J A, Verhulst F, Murdock J. Averaging methods in nonlinear dynamical systems. New York: Springer, 2007.

[32] Holling C S. The functional response of predators to prey density and its role in mimicry and population regulation. The Memoirs of the Entomological Society of Canada, 1965, 97(S45): 5-60.

[33] 脱秋菊, 李学敏. 一类平面多项式系统的全局结构与分岔. 工程数学学报, 2007, 24(6): 1056-1065.

[34] 何西兵. 几类平面多项式系统的分岔分析. 西安: 西北大学, 2007.

[35] 龙能, 梁海华. 一类平面三次多项式系统的平衡点分析. 华南师范大学学报（自然科学版）, 2019,51(06): 98-102.

第 7 章

一个金融混沌系统的动力学分析及混沌控制

在许多实际问题的研究中发现，一些确定性非线性系统在一定条件下会出现类似随机的运动。这种运动对初始条件十分敏感，即使初值只发生了很微小的变动，系统状态在长时间演化后也会出现不可预测的巨大差别，这种貌似无规则的运动就是所谓的混沌现象。1980 年开始，经济学家们在货币体系、股票市场、期货行情等金融体系中也发现了混沌吸引子的存在。对金融混沌系统的研究一直是一个热点问题，它可以为金融系统的同步发展提供新的方法和思路。

7.1
金融混沌系统简介

研究金融市场和其他经济序列的学术和应用研究人员都对混沌动力学这一主题产生了兴趣，金融市场混乱的可能性为经济理论家和金融市场参与者提出了重要问题，某些金融和经济时间序列是否表现出混沌行为是目前存在争议的问题。由于缺乏足够的测试，对此类数据中混沌行为的实证研究受到了阻碍。当应用于小的、有噪声的数据集时，度量方法很难产生可靠的结果。Gilmore[1] 应用了一种新的拓扑方法来分析混沌，该方法最近在物理学文献中得到了发展，适用于之前经过度量测试的许多金融和经济序列。Lebaron[2] 初步给出了金融市场和宏观经济序列混乱的实证证据，强调在可预测性和混乱方面对这些时间序列的确切了解；从金融市场的角度比较了这两个概念，将从业者的目标与经济研究人员的目标进行了对比。Scheinkman[3] 描述了一些理论模型，表明即使在最标准的经济环境中，也可能出现复杂的确定性动力学，并尝试从经验上评估这些非线性在经济和金融中的重要性。研究动态混沌系统在经济和金融中的应用领域，研究人员采用了与数学家和物理学家不同的方法。Guegan[4] 提出了创新的统计工具和问题，可以在实践中用于检测真实数据集中混沌行为的存在。物理学中"混沌"的明显成功对经济学产生了不可避免的影响。Zhang 等人 [5] 考虑了描述金融动力学行为的新 4D 混沌系统的一些动力学；根据 Lyapunov 稳定性理论，得到了极限有界性和全局吸引域，可用于估计吸引子的 Lyapunov 维数、吸引子的 Hausdorff 维数、混沌控制和混沌同步，得到了极限束缚集和全局指数吸引集的体积。Mastroeni 和 Vellucci[6] 考虑了两种方法来避免价格序列表面混乱产生的误导结果。第一种方法由混沌的正确数学定义和相关理论背景表示，而后者由本文提出的混合方法表示，即将价格时间序列背后的动力系统视为具有噪声的确定性系统。研究发现，在能源商品市场中，混沌和随机特征并存。Bischi 等人[7] 介绍了对金融系统分析的阶段性经济结果以及与动态分析方面联系的全局分析方法。

在金融系统中发现的一个最有趣的结果是新型网格复合多混沌吸引子。Azam 等人[8] 基于非线性金融系统的数学模型，提出一种新的能够生成镜像对称的多混沌吸引子金融混沌系统，详细讨论了具有状态变量的金融系统的对称性、混沌性、分岔性和有界性等混沌动力学行为，得到不同大小的金融系统的复杂复合对称吸引子。他们还借助多级逻辑脉冲信号，探索了两对不同幅度对称吸引子的产生。

针对于金融系统的混沌行为，学者们发现了不同的混沌控制和同步的方法，如反馈方法、自适应方法、神经网络方法、滑模控制方法等。沈天峰等人[9] 研究了一类多智能体统的鲁棒稳定性，充分考虑了系统的时滞、内外部的扰动以及系统的非线性特征等因素。由于滑模控制方法自身的一些优势，如对系统参数的改变和扰动不敏感，许多情况下可采取滑模控制策略来保证系统的稳定性。运用 Lyapunov 函数来求解控制率的参数，能够保证系统状态在有限时间内到达滑模面。还可利用线性矩阵不等式证明滑模面的渐近稳定性。李鹏和郑志强[10] 针对一类不确定非线性系统的滑模控制，提出了一类具有"小误差放大、大误差饱和"功能的光滑非线性饱和函数来改进传统的积分滑模控制，以形成非线性积分滑模控制。它在保持传统积分滑模控制跟踪精度的同时，获得了更好的暂态性能。他们还应用 Lyapunov 稳定性理论和 LaSalle 不变性原理证明了最终其可以完全抑制常值干扰。Cai 等人[11] 考虑了一个新的三维自治非线性金融混沌系统的所有紧致不变集的局部化问题。从三个方面分析了紧致不变集：讨论了传统方法中使用的两个截锥和一个椭球对新金融混沌系统的局部化；通过两个截锥和一个抛物柱面对新的金融混沌系统进行了定位；根据椭圆体、抛物柱面和两个截锥体的叠加，提出了新金融混沌系统的局部化方法。

在过去的几十年里，人们对开发用于经济模型的非线性动力系统越来越感兴趣。由于混沌系统的特性，系统对其初始值非常敏感。因此，具有不同初始值的两个系统的行为将完全不同。为了实现两个金融混沌系统的同步，人们设计了一系列控制，包括实现全局渐近同步的控制器和实现全局指数同步的控制器，以使两个系统完全同步。Tacha 等人 [12] 提出了一种由两个非线性组成的新型三维非线性金融混沌系统，观察到系统通过倍周期序列进入混沌的路径、反原子性和危机现象等复杂的动力学行为，提出了一种有趣的金融系统行为自适应控制方案。结合自适应控制和固定时间控制策略，Ma 等人 [13] 研究了主从 Lorenz 系统的定时同步问题，并估计了与 Lorenz 系统初始状态无关的稳定时间上限。与传统的固定时间控制方案不同，所提出的控制器不再包含符号函数，避免了受控系统的抖振行为。Drakunov 和 Utkin[14] 引入了由状态空间变换半群描述的抽象动态系统中的滑模概念，可以通过纵向振荡的滑模控制对系统的混沌行为进行调节。Chen 等人 [15] 提出了一系列控制策略来同步两个混沌的金融系统。Roopaei 等人 [16] 采用鲁棒自适应滑模控制策略研究了一类不确定混沌系统，基于 Lyapunov 稳定性理论，确定了系统的时变滑动面，并调整鲁棒控制律的自适应增益，获得了不确定性和干扰的界限的滑模控制方法。

Koshkouei 等人 [17] 研究了动态滑模控制和高阶滑模，将带补偿器的滑动系统看作是一个增广系统，从而获得所需的系统行为和性能。研究发现高阶滑模控制和动态滑模控制产生更高的精度，并减少和 / 或消除了由控制的高频切换引起的抖动。Liu 等人 [18] 应用全程滑模控制技术，选择指数型终端滑模趋近律来设计滑模控制器，提出了混沌同步有限时间实现问题；针对混沌系统的参数不确定性和外界扰动，引入模糊基函数网络，在线估计不确定性和外部扰动的界值，同时消除了滑模控制的到达阶段，使其始终保持在滑模面上，并能在有限时间内趋近于原点。Xu 等人 [19] 为了避免积分滑模面的积分饱和，设计了一种可以放大小误差和缩小大误差的新积分函数。他们设计了一个可以在有限时间内衰减到零的衰减函数，以加快全局滑模面的收敛速度，构建了一种改进的全局非线性积分滑模面（GNISMS），并基于该滑模面设计了滑模控制，以实现具有外部干扰和内部参数不确定性的混沌系统的同步控制。Nguyen等人[20]针对一类输入非线性、模型动力学未知的非线性系统，提出了一种基于模糊神经网络的改进自适应滑模控制方法；根据 Lyapunov 稳定性定理，完全消除了基于模糊/神经近似的间接自适应控制技术中通常出现的奇异性问题。基于预定滑动模式和系统状态之间发生的误差，Chegini 和 Yarahmadi[21] 介绍了一种新的量子滑模控制，用于提高具有有界不确定性的两能级量子滑模控制系统的性能，推导出系统状态以到达滑模域，保持其在滑模域上的运动。Feng 等人 [22] 提出了一种无抖振的全阶终端滑模控制方案。由于分数次幂项的导数不出现在控制律中，因此避免了系统中奇异性的控制难题。Kocamaz 等人 [23] 研究了滑模控制和被动控制这两种不同的控制方法，用于同步两个具有不同初始条件的相同混沌金融系统；基于滑模控制理论，确定了滑动面的选取；利用 Lyapunov 函数证明了被动控制器可以提高系统的全局渐近稳定性。

在研究时间、控制能量和跟踪误差的基础上，Irfan 等人 [24] 对线性和非线性反馈控制技术进行了比较分析，通过反馈线性化的滑模控制（SMC）、积分滑模控制（ISMC）和终端滑模控制（TSMC）获得 IP 系统的最佳控制性能，此系统在减少抖动、缩短稳定时间和减小稳态误差方面表现出色。Marwan 等人 [25] 通过滑动、自适应和反推控制技术为 Rucklidge 振荡器设计了多个控制输入；通过 Lyapunov 理论讨论了动态稳定性；基于误差动力学，使用自适应滑动控制技术，使解随时间接近其稳定状态。Yorgancioglu 和 Redif[26] 针对一类四阶单输入多输出非线性系统，提出了一种利用时变滑动面的非奇异、终端、解耦滑模控制的快速形式。新的控制律以快速终端滑模控制的方式具有快速项，显著提高了有限时间滑模在零附近的收敛速度。与最先进的解耦终端滑模控制方法相比，所提出的控制律总体上实现了良好的瞬态响应和较低的稳态误差。张伟 [27] 基于新型滑模方法研究了分数阶金融超混沌系统的同步控制，提出了一种新型滑模面，获得了分数阶金融超混沌系统取得滑模同步的充分条件。Chen 等人 [28] 研究了一类分数阶混沌系统的滑模混沌控制。推导了滑模控制律，可使分数阶混沌系统的状态渐近稳定。设计的控制方案保证了存在外部干扰的不确定分数阶混沌系统的渐近稳定性。

Rangkuti 等人[29]致力于构建超混沌金融模型的近似解析解，描述了利率、投资需求、价格指数和平均利润率的时间变化，利用多级同伦分析法（MHAM）和多级变分迭代法（MVIM）生成用连续分段函数表示的解析解。

为了更好地加强理论分析与实际应用的相互联系。本章在非线性动力系统的稳定性以及 Hopf 分岔的相关基础知识之上，研究了一个非线性金融混沌系统的复杂动力学行为，使用滑动模块控制方法消除了系统的混沌行为，并通过数值模拟验证了该方法的有效性。

7.2
系统问题的描述

首先，给出如下一类金融系统对应的驱动系统及响应系统方程[30]

$$\begin{cases} \dot{x} = z + (y - \alpha)x \\ \dot{y} = 1 - \beta y - x^2 \\ \dot{z} = -x - \gamma z \end{cases} \tag{7.1}$$

和

$$\begin{cases} \dot{\bar{x}} = \bar{z} + (\bar{y} - \alpha)\bar{x} + u_1 \\ \dot{\bar{y}} = 1 - \beta \bar{y} - \bar{x}^2 + u_2 \\ \dot{\bar{z}} = -\bar{x} - \gamma \bar{z} + u_3 \end{cases} \tag{7.2}$$

式中，状态变量 x 表示利率；y 表示投资需求；z 表示价格指数；参数 α 表示储蓄金额；β 表示投资成本；γ 表示商业的需求弹性。

（1）经非线性分析可知上述系统为混沌系统，接下来将设计不同的线性控制器，使得当中参数取不同初值时亦能达到同步。

令系统 (7.1) 和系统 (7.2) 的同步误差为

$$e_1 = \bar{x} - x, \ e_2 = \bar{y} - y, \ e_3 = \bar{z} - z \tag{7.3}$$

从而可得上述系统的误差系统为

$$\begin{cases} \dot{e}_1 = -(\alpha - \bar{y})e_1 + xe_2 + e_3 + u_1 \\ \dot{e}_2 = -(x + \bar{x})e_1 - \beta e_2 + u_2 \\ \dot{e}_3 = -e_1 - \gamma e_3 + u_3 \end{cases} \tag{7.4}$$

令控制输入器为 $u_1 = -l_1 e_1$, $u_2 = -l_2 e_2$, $u_3 = -l_3 e_3$，其中，l_1、l_2、l_3 为充分大的正反馈增益率，可将系统式 (7.4) 转化为

$$\begin{cases} \dot{e}_1 = -(\alpha + l_1 - \bar{y})e_1 + xe_2 + e_3 \\ \dot{e}_2 = -(x + \bar{x})e_1 - (\beta + l_2)e_2 \\ \dot{e}_3 = -e_1 - (\gamma + l_3)e_3 \end{cases} \tag{7.5}$$

此时，选取 Lyapunov 函数为

$$L = \frac{1}{2}\left(e_1^2 + e_2^2 + e_3^2\right) \tag{7.6}$$

可得

$$\dot{L} = e_1\dot{e}_1 + e_2\dot{e}_2 + e_3\dot{e}_3 = -(\alpha + l_1 - \bar{y})e_1^2 - (\beta + l_2)e_2^2 - (\gamma + l_3)e_3^2 - \bar{x}e_1e_2 \tag{7.7}$$

系统 (7.1) 和系统 (7.2) 存在有界的状态轨迹，从而存在正常数 K 使得 $|x| < K$, $|y| < K$, $|z| < K$, 所以有

$$\dot{L} \leqslant -(\alpha + l_1 - K)e_1^2 - (\beta + l_2)e_2^2 - (\gamma + l_3)e_3^2 + K|e_1||e_2|$$

$$= -(|e_1|, \ |e_2|, \ |e_3|)\boldsymbol{P}(|e_1|, \ |e_2|, \ |e_3|)^{\mathrm{T}} \tag{7.8}$$

其中，

$$\boldsymbol{P} = \begin{pmatrix} \alpha + l_1 - K & -\dfrac{K}{2} & 0 \\ -\dfrac{K}{2} & \beta + l_2 & 0 \\ 0 & 0 & \gamma + l_3 \end{pmatrix} \tag{7.9}$$

令

$$f_1(l_1) = \alpha + l_1 - K$$

$$f_2(l_1, l_2) = l_1 l_2 + \beta l_1 + (\alpha - K)l_2 + \alpha\beta - \beta K - \frac{K^2}{4}$$

$$f_3(l_1, l_2, l_3) = l_1 l_2 l_3 + \beta l_1 l_3 + \gamma l_1 l_2 + (\alpha - K)l_2 l_3 + \beta\gamma l_1 + \gamma(\alpha - K)l_2$$

$$+ (l_3 + \alpha)\left(\alpha\beta - \beta K - \frac{K^2}{4}\right)$$

为了保证矩阵 $\boldsymbol{P}$ 的正定性，即 $\dot{L}$ 是负定的，可以选取合适的参数 l_1、l_2、l_3 使得 $f_1(l_1) > 0$，$f_2(l_1, l_2) > 0$，$f_3(l_1, l_2, l_3) > 0$，从而根据 Lyapunov 稳定性理论可知，系统 (7.1) 和 (7.2) 达到了全局渐近同步状态。

若对于系统 (7.1) 设计如下两个线性控制器 $v_1 = -k_1 e_1$，$v_2 = -k_2 e_2$，即响应系统改写为

$$\begin{cases} \dot{\bar{x}} = \bar{z} + (\bar{y} - \alpha)\bar{x} + v_1 \\ \dot{\bar{y}} = 1 - \beta\bar{y} - \bar{x}^2 + v_2 \\ \dot{\bar{z}} = -\bar{x} - \gamma\bar{z} \end{cases} \tag{7.10}$$

此时，其误差系统可以表示为

$$\begin{cases} \dot{e}_1 = -(\alpha - \bar{y})e_1 + xe_2 + e_3 + v_1 \\ \dot{e}_2 = -(x + \bar{x})e_1 - \beta e_2 + v_2 \\ \dot{e}_3 = -e_1 - \gamma e_3 \end{cases} \tag{7.11}$$

进一步，对于系统 (7.1) 亦可以设计如下一个线性控制器 $w_1 = -ke_1$，则响应系统又可描述为

$$\begin{cases} \dot{\bar{x}} = \bar{z} + (\bar{y} - \alpha)\bar{x} + w_1 \\ \dot{\bar{y}} = 1 - \beta\bar{y} - \bar{x}^2 \\ \dot{\bar{z}} = -\bar{x} - \gamma\bar{z} \end{cases} \tag{7.12}$$

类似于上述分析，针对系统（7.10）和系统 (7.12) 的误差系统分析，依据 Lyapunov 稳定性理论同样可获得系统 (7.1) 与系统 (7.10) 和系统 (7.12) 能够达到同步状态。

（2）针对上述系统 (7.1) 和系统 (7.2)，继续讨论系统的非线性同步控制问题[31]，令误差变量为

$$e = \left(e_1, \ e_2, \ e_3\right) = \left(x - \delta_1 \overline{x}, \ y - \delta_2 \overline{y}, \ z - \delta_3 \overline{z}\right) \in \mathbb{R}^n \tag{7.13}$$

则有对应的误差系统

$$\begin{cases} \dot{e}_1 = e_1 e_2 - \left(\delta_2 \overline{y} - a\right) e_1 + \delta_1 y e_2 + e_3 - \left(\delta_1 - \delta_3\right) \overline{z} - \left(\delta_1 - \delta_2\right) y\overline{y} - \delta_1 u_1 \\ \dot{e}_2 = 1 - e_1^2 - 2\delta_1 e_1 y - \delta_1^2 - \beta e_2 - \delta_2 + \delta_2 y^2 + \delta_2 u_2 \\ \dot{e}_3 = -e_1 - \gamma e_3 + \left(\delta_1 + \delta_3\right) y - \delta_3 u_3 \end{cases}$$
$$\tag{7.14}$$

式中，a 为比例因子，根据激活控制方法，可选取如下表示

$$\begin{cases} \delta_1 u_1 = -\left(\delta_1 - \delta_3\right)\overline{z} + e_1 e_2 + \delta_2 \overline{y} e_1 + \delta_1 y e_2 + \delta_1 \left(\delta_2 - 1\right) y\overline{y} - v_1 \\ \delta_2 u_2 = 1 - e_1^2 - 2\delta_1 y e_1 - \left(\delta_1^2 - \delta_2\right) y^2 - \delta_2 - v_2 \\ \delta_3 u_3 = -\left(\delta_1 - \delta_3\right) y - v_3 \end{cases} \tag{7.15}$$

从而系统 (7.14) 转化为

$$\begin{cases} \dot{e}_1 = -\alpha e_1 + e_3 + v_1 \\ \dot{e}_2 = -\beta e_2 + v_2 \\ \dot{e}_3 = -e_1 - \gamma e_3 + v_3 \end{cases} \tag{7.16}$$

这里，在保证系统 (7.16) 具有负实部特征根的前提下，可以选取合适的 $v_i(i = 1, \cdots, 3)$ 使其为线性稳定系统，即令

$$\begin{pmatrix} v_1 \\ v_2 \\ v_3 \end{pmatrix} = \begin{pmatrix} l_1 & 0 & 0 \\ 0 & l_2 & 0 \\ 0 & 0 & l_3 \end{pmatrix} \begin{pmatrix} e_1 \\ e_2 \\ e_3 \end{pmatrix} \tag{7.17}$$

由式 (7.16) 和式 (7.17)，有

$$\dot{\boldsymbol{e}} = \begin{pmatrix} l_1 - \alpha & 0 & 1 \\ 0 & l_2 - \beta & 0 \\ -1 & 0 & l_3 - \gamma \end{pmatrix} \begin{pmatrix} e_1 \\ e_2 \\ e_3 \end{pmatrix} \tag{7.18}$$

和

$$\begin{cases} u_1 = \dfrac{1}{\delta_1}\left[\delta_2 \overline{y} e_1 + \delta_1 y e + e_1 e_2 + \delta_1 \left(\delta_2 - 1\right) y\overline{y} - \left(\delta_1 - \delta_3\right)\overline{z} - v_1\right] \\ u_2 = \dfrac{1}{\delta_2}\left[1 - e_1^2 - 2\delta_1 y e_1 - \left(\delta_1^2 - \delta_2\right) y^2 - \delta_2 - v_2\right] \\ u_3 = \dfrac{1}{\delta_1}\left(-x - \gamma z - \delta_3 \overline{x} + \delta_3 \gamma \overline{z} + \gamma e_3\right) \end{cases} \tag{7.19}$$

成立。

当 $\alpha, \beta, \gamma > 0$ 时，可设计 Lyapunov 函数为

$$L = \frac{1}{2}\left(e_1^2 + e_2^2 + e_3^2\right) \tag{7.20}$$

从而可得

$$\begin{cases} \dot{e}_1 = \left(-\alpha e_1 + e_3\right)e_1 \\ \dot{e}_2 = -\beta e_2 \\ \dot{e}_3 = -e_1 - \gamma e_3 \end{cases} \tag{7.21}$$

及

$$\dot{L} = e_1\dot{e}_1 + e_2\dot{e}_2 + e_3\dot{e}_3 = \left(-\alpha e_1 + e_3\right)e_1 - \left(\beta e_2\right)e_1 - \left(e_1 - \gamma e_3\right)e_3$$
$$= \alpha e_1^2 - \beta e_2^2 - \gamma e_3^2$$

所以，若在 $\left(e_1, e_2, e_3\right) \neq 0$ 时满足 $L > 0$、$\dot{L} < 0$，在 $\left(e_1, e_2, e_3\right) = 0$ 时满足 $L = 0$、$\dot{L} = 0$，则有 e_1、e_2、e_3 渐近趋于零。

（3）考虑参数估计率选取的情况，若记系统 (7.1) 的响应系统[32] 为

$$\begin{cases} \dot{\bar{x}} = \bar{z} + \left(\bar{y} - \alpha'\right)\bar{x} + u_1 \\ \dot{\bar{y}} = 1 - \beta'\bar{y} - \bar{x}^2 + u_2 \\ \dot{\bar{z}} = -\bar{x} - \gamma'\bar{z} + u_3 \end{cases} \tag{7.22}$$

式中，α'、β'、γ' 表示响应系统 (7.22) 的未知参数。

若令

$$\begin{cases} \alpha' = \left(1 + \lambda_1\right)\alpha \\ \beta' = \left(1 + \lambda_2\right)\beta \\ \gamma' = \left(1 + \lambda_3\right)\gamma \end{cases} \tag{7.23}$$

由以上两式可得

$$\begin{cases} \dot{\bar{x}} = \bar{z} + \left[\bar{y} - \left(1 + \lambda_1\right)\alpha\right]\bar{x} + u_1 \\ \dot{\bar{y}} = 1 - \left(1 + \lambda_2\right)\beta\bar{y} - \bar{x}^2 + u_2 \\ \dot{\bar{z}} = -\bar{x} - \left(1 + \lambda_3\right)\gamma\bar{z} + u_3 \end{cases} \tag{7.24}$$

综上考虑，系统 (7.22) 和系统 (7.24) 的误差系统可以表示为

$$\begin{cases} \dot{e}_1 = -\alpha e_1 + e_3 + (e_1 e_2 + y e_1 + x e_2) - \lambda_1 \alpha \bar{x} + u_1 \\ \dot{e}_2 = -\beta e_2 - (x + \bar{x}) e_1 - \lambda_2 \beta \bar{y} + u_2 \\ \dot{e}_3 = -e_1 - \gamma e_3 - \lambda_3 \gamma \bar{z} + u_3 \end{cases} \tag{7.25}$$

记 $\tilde{\lambda}_1 = \lambda_1 - \hat{\lambda}_1$，$\tilde{\lambda}_2 = \lambda_2 - \hat{\lambda}_2$，$\tilde{\lambda}_3 = \lambda_3 - \hat{\lambda}_3$，经理论分析并通过控制函数和参数估计值的选取，可以达到 $\lim_{t \to \infty} \|e\| = 0$，从而实现系统之间的同步状态，其取值情况基本上可分为以下几种。

① 当 $\alpha, \beta, \gamma > 0$ 时，设计系统 (7.25) 的 Lyapunov 函数为

$$F = \frac{1}{2} e^{\mathrm{T}} e + \frac{1}{2} \left(\tilde{\lambda}_1^2 \alpha^2 + \tilde{\lambda}_2^2 \beta^2 + \tilde{\lambda}_3^2 \gamma^2 \right) \tag{7.26}$$

其中，$\hat{\lambda}_1 \alpha \approx \lambda_1 \alpha$；$\hat{\lambda}_2 \beta \approx \lambda_2 \beta$；$\hat{\lambda}_3 \gamma \approx \lambda_3 \gamma$。

由此，可以获得控制函数满足如下关系

$$\begin{cases} u_1 = -(e_1 e_2 + y e_1) + \hat{\lambda}_1 \alpha \bar{x} \\ u_2 = \bar{x} e_1 + \hat{\lambda}_2 \beta \bar{y} \\ u_2 = \hat{\lambda}_3 \gamma \bar{z} \\ \dot{\hat{\lambda}}_1 = -\bar{x} e_1 \\ \dot{\hat{\lambda}}_2 = -\bar{y} e_2 \\ \dot{\hat{\lambda}}_1 = -\bar{z} e_3 \end{cases} \tag{7.27}$$

联立式 (7.25) ～式 (7.27)，可知 Lyapunov 函数 F 具有性质

$$\dot{F} = e_1 \dot{e}_1 + e_2 \dot{e}_2 + e_3 \dot{e}_3 - \tilde{\lambda}_1 \dot{\hat{\lambda}}_1 \alpha^2 - \tilde{\lambda}_2 \dot{\hat{\lambda}}_2 \beta^2 - \tilde{\lambda}_3 \dot{\hat{\lambda}}_3 \gamma^2 = -\alpha e_1^2 - \beta e_2^2 - \gamma e_3^2 < 0 \tag{7.28}$$

② 当 $\beta, \gamma > 0$ 时，令 $\tilde{\alpha} = \alpha - \hat{\alpha}$，$\hat{\alpha} \approx \alpha$，此时可以设计系统式 (7.25) 的 Lyapunov 函数为

$$F = \frac{1}{2} e^{\mathrm{T}} e + \frac{1}{2} \tilde{\alpha}^2 + \frac{1}{2} \left(\tilde{\lambda}_1^2 \alpha^2 + \tilde{\lambda}_2^2 \beta^2 + \tilde{\lambda}_3^2 \gamma^2 \right) \tag{7.29}$$

便有如下的控制器选取和参数估计量满足的关系式

$$\begin{cases} u_1 = -(\alpha - 1)e_1 - (e_1 e_2 + y e_1) + \hat{\lambda}_1 \alpha \overline{x} \\ u_2 = \overline{x} e_1 + \hat{\lambda}_2 \beta \overline{y} \\ u_2 = \hat{\lambda}_3 \gamma \overline{z} \\ \dot{\hat{\alpha}} = -e_1^2 \\ \dot{\hat{\lambda}}_1 = -\overline{x} e_1 \\ \dot{\hat{\lambda}}_2 = -\overline{y} e_2 \\ \dot{\hat{\lambda}}_1 = -\overline{z} e_3 \end{cases} \tag{7.30}$$

经过计算，可得

$$\begin{aligned} \dot{F} &= e_1 \dot{e}_1 + e_2 \dot{e}_2 + e_3 \dot{e}_3 + \tilde{\alpha} \dot{\hat{\alpha}} - \tilde{\lambda}_1 \dot{\hat{\lambda}}_1 \alpha^2 - \tilde{\lambda}_2 \dot{\hat{\lambda}}_2 \beta^2 - \tilde{\lambda}_3 \dot{\hat{\lambda}}_3 \gamma^2 \\ &= -e_1^2 - \beta e_2^2 - \gamma e_3^2 < 0 \end{aligned} \tag{7.31}$$

③ 当 α, β, γ 取值未知时，令 $\tilde{\beta} = \beta - \hat{\beta}$，$\tilde{\gamma} = \gamma - \hat{\gamma}$，此时可以设计系统式 (7.25) 的 Lyapunov 函数为

$$F = \frac{1}{2} e^{\mathrm{T}} e + \frac{1}{2} \tilde{\alpha}^2 + \frac{1}{2} \tilde{\beta}^2 + \frac{1}{2} \tilde{\gamma}^2 + \frac{1}{2} \left(\tilde{\lambda}_1^2 \alpha^2 + \tilde{\lambda}_2^2 \beta^2 + \tilde{\lambda}_3^2 \gamma^2 \right) \tag{7.32}$$

$$\begin{cases} u_1 = (\hat{\alpha} - 1)e_1 - (e_1 e_2 + y e_1) + \hat{\lambda}_1 \alpha \overline{x} \\ u_2 = (\hat{\beta} - 1)e_2 + \overline{x} e_1 + \hat{\lambda}_2 \beta \overline{y} \\ u_2 = (\hat{\gamma} - 1) \hat{\lambda}_3 \gamma \overline{z} \\ \dot{\hat{\alpha}} = -e_1^2 \\ \dot{\hat{\lambda}}_1 \alpha = -\overline{x} e_1 \\ \dot{\hat{\lambda}}_2 \beta = -\overline{y} e_2 \\ \dot{\hat{\lambda}}_1 \gamma = -\overline{z} e_3 \end{cases} \tag{7.33}$$

便有如下的关系式成立

$$\dot{F} = e_1 \dot{e}_1 + e_2 \dot{e}_2 + e_3 \dot{e}_3 + \tilde{\alpha} \dot{\hat{\alpha}} + \beta \dot{\hat{\beta}} + \gamma \dot{\hat{\gamma}} - \tilde{\lambda}_1 \dot{\hat{\lambda}}_1 \alpha^2 - \tilde{\lambda}_2 \dot{\hat{\lambda}}_2 \beta^2 - \tilde{\lambda}_3 \dot{\hat{\lambda}}_3 \gamma^2$$

$$= -e_1^2 - e_2^2 - e_3^2 < 0 \tag{7.34}$$

在上述研究基础之上，继续研究非线性金融混沌系统，为避免参数的重复选取，记系统的简化模型为

$$\begin{cases} \dot{x} = (1/b - a)x + z + xy \\ \dot{y} = -by - x^2 \\ \dot{z} = -x - cz \end{cases} \tag{7.35}$$

7.3
平衡点的局部稳定性

本节将基于非线性系统的局部稳定性理论分析上述系统 (7.35) 在平衡点附件的局部稳定性。在任意可取的参数条件下，系统对应的坐标原点 $O(0, 0, 0)$ 都是系统 (7.35) 的一个平衡点，当且仅当系统参数满足条件不等式 $b(a+1/c) < 1$ 时，系统 (7.35) 还存在另外两个平衡点

$$E_{1,2} = (\pm\sqrt{1 - ab - \frac{b}{c}}, \ a - \frac{1}{b} + \frac{1}{c}, \ \mp\frac{1}{c}\sqrt{1 - ab - \frac{b}{c}})$$

定理 7.1 对于系统 (7.35)，假设系统中的参数满足关系不等式 $ac - \frac{c}{b} + 1 \neq 0$、$\Delta_1 = (a - \frac{1}{b} + c)^2 - 4(ac - \frac{c}{b} + 1)$ 时，系统的平衡点 $O(0, 0, 0)$ 具有以下性质：

（1）当 $b < 0$、$ac - \frac{c}{b} + 1 < 0$ 时，平衡点 $O(0, 0, 0)$ 是系统的一个鞍点，此时 $\dim W_{\text{loc}}^s(O) = 1$，$\dim W_{\text{loc}}^u(O) = 2$。如果有 $ac - \frac{c}{b} + 1 > 0$，那么当 $a - \frac{1}{b} + c > 0$、$\Delta_1 \geqslant 0$ 时，平衡点 $O(0, 0, 0)$ 是鞍点；当 $a - \frac{1}{b} + c > 0$、$\Delta_1 < 0$ 时，点 $O(0, 0, 0)$ 是鞍焦点；当 $a - \frac{1}{b} + c = 0$ 时，点 $O(0, 0, 0)$ 是一个非双曲的平衡点，且 $\dim W_{\text{loc}}^c(O) = 2$，$\dim W_{\text{loc}}^u(O) = 1$；当 $\Delta_1 \geqslant 0$、$a - \frac{1}{b} + c < 0$ 时，点 $O(0, 0, 0)$ 是一个不稳定的结点；当 $\Delta_1 < 0$、$a - \frac{1}{b} + c < 0$ 时，点 $O(0, 0, 0)$ 是一个不稳定的结焦点。

（2）当 $b > 0$ 时，如果 $ac - \frac{c}{b} + 1 < 0$，那么点 $O(0, 0, 0)$ 是系统的一个鞍点，且 $\dim W_{\text{loc}}^u(O) = 1$，$\dim W_{\text{loc}}^s(O) = 2$。如果 $ac - \frac{c}{b} + 1 < 0$，当 $a - \frac{1}{b} + c > 0$、$\Delta_1 \geqslant 0$ 时，点 $O(0, 0, 0)$ 是一个稳定结点；当 $a - \frac{1}{b} + c > 0$、

$\Delta_1 < 0$ 时，点 $O(0, 0, 0)$ 是一个稳定的结焦点；当 $a - \dfrac{1}{b} + c = 0$ 时，点 $O(0, 0, 0)$ 是一个非双曲的平衡点，且 $\dim W_{\text{loc}}^{\text{s}}(O) = 1$，$\dim W_{\text{loc}}^{\text{c}}(O) = 2$；当 $\Delta_1 \geqslant 0$、$a - \dfrac{1}{b} + c < 0$ 时，点 $O(0, 0, 0)$ 是鞍点；当 $\Delta_1 < 0$、$a - \dfrac{1}{b} + c < 0$ 时，点 $O(0, 0, 0)$ 是一个鞍焦点。

证明 系统 (7.35) 在平衡点 $O(0, 0, 0)$ 处的 Jacobian 矩阵如下

$$A = \begin{pmatrix} 1/b - a & 0 & 1 \\ 0 & -b & 0 \\ -1 & 0 & -c \end{pmatrix}$$

它的特征多项式为

$$p_1(\lambda) = (\lambda + b)\left[\lambda^2 + \left(a - \frac{1}{b} + c\right)\lambda + ac - \frac{c}{b} + 1\right]$$

此特征多项式给出特征值

$$\lambda_1 = -b, \quad \lambda_{2,3} = \frac{1}{2}\left[-\left(a - \frac{1}{b} + c\right) \pm \sqrt{\left(-a + \frac{1}{b} - c\right)^2 - 4\left(ac - \frac{c}{b} + 1\right)}\right]$$

从 λ_1、$\text{Re}(\lambda_{2,3})$ 和 Δ_1 的符号可以判断出上述关于系统 (7.35) 平衡点 $O(0, 0, 0)$ 的结论是正确的。

（3）当 $b < 0$ 时，如果系统参数满足 $a - \dfrac{1}{b} + c = 0$、$ac - \dfrac{c}{b} + 1 > 0$，那么 $\lambda_1 = -b$，$\lambda_{2,3} = \pm i\sqrt{2\left(ac - \dfrac{c}{b} + 1\right)}$，所以当 $b < 0$ 时，系统在点 $O(0, 0, 0)$ 处有一维的不稳定流形和二维的中心流形；当 $b > 0$ 时，系统在点 $O(0, 0, 0)$ 处有一维的稳定流形和二维的中心流形。

定理 7.2 如果 $ac - \dfrac{c}{b} + 1 = 0$、$a - \dfrac{1}{b} + c \neq 0$，当 $b\left(a - \dfrac{1}{b} + c\right) < 0$，那么系统 (7.35) 的平衡点 $O(0, 0, 0)$ 是非双曲的鞍点；当 $0 < c^2 < 1$、$b < 0$、$a - \dfrac{1}{b} + c < 0$ 时，点 $O(0, 0, 0)$ 是不稳定结点；当 $c^2 > 1$、$b > 0$、$a - \dfrac{1}{b} + c > 0$ 时，点 $O(0, 0, 0)$ 是稳定结点。

证明 因为 $\lambda_1 = 0$，$\lambda_3 = -b$，$\lambda_2 = -\left(a - \dfrac{1}{b} + c\right)$，所以系统 (7.35) 的平衡点 $O(0, 0, 0)$ 是非双曲的，可以进行可逆的坐标变换 $X = TY$，其中

$$\boldsymbol{X} = (x, y, z)^\mathrm{T}, \quad \boldsymbol{Y} = (y_1, y_2, y_3)^\mathrm{T}, \quad \boldsymbol{T} = \begin{pmatrix} -c & -1/c & 0 \\ 0 & 0 & 1 \\ 1 & 1 & 0 \end{pmatrix}$$

将 $\boldsymbol{X} = \boldsymbol{TY}$ 代入到系统 (7.35) 中，可以得到

$$\begin{pmatrix} \dot{y}_1 \\ \dot{y}_2 \\ \dot{y}_3 \end{pmatrix} = \begin{pmatrix} 0 & 0 & 0 \\ 0 & -(a-1/b+c) & 0 \\ 0 & 0 & -b \end{pmatrix} \begin{pmatrix} y_1 \\ y_2 \\ y_3 \end{pmatrix} + \begin{pmatrix} c^2/(c^2-1)y_1 y_3 + 1/(c^2-1)y_2 y_3 \\ -c^2/(c^2-1)y_1 y_3 - 1/(c^2-1)y_2 y_3 \\ -(c^2 y_1^2 + 2y_1 y_2 + 1/c^2 y_2^2) \end{pmatrix}$$

$$(7.36)$$

根据中心流形理论可知，系统在点 $O(0, 0, 0)$ 处存在一个中心流形，可以表示为

$$W^c(O) = \left\{ (y_1, y_2, y_3) \in R^3 \,\middle|\, y_2 = h_1(y_1), y_3 = h_2(y_1) \right\}$$

并有 $h_2(0) = h_3(0) = Dh_2(0) = Dh_3(0) = 0$，对 $h_1(y_1)$ 和 $h_2(y_1)$ 进行泰勒展开，从而可得

$$h_1(y_1) = a_2 y_1^2 + a_3 y_1^3 + \cdots \tag{7.37}$$

$$h_2(y_1) = b_2 y_1^2 + b_3 y_1^3 + \cdots \tag{7.38}$$

将式 (7.37) 和 式 (7.38) 代入式 (7.36) 中，通过比较相同幂次项的系数得到

$$a_2 = 0, \quad a_3 = -\frac{c^3 b_2}{(1-c^2)^2}, \quad b_2 = -\frac{c^2}{b} \tag{7.39}$$

限制在中心流形上的向量场可以记为

$$\dot{y}_1 = \frac{c^4}{b(1-c^2)} y_1^3 + O(y_1^4) \tag{7.40}$$

显然，当 $b(1-c^2) < 0$ 时，$y_1 = 0$ 是稳定的；当 $b(1-c^2) > 0$ 时，$y_1 = 0$ 是不稳定的。因为 $\lambda_2 = -\left(a - \dfrac{1}{b} + c\right)$，$\lambda_3 = -b$，所以当 $c^2 > 1$、$b > 0$、$a - \dfrac{1}{b} + c > 0$ 时，系统 式 (7.35) 的平衡点 $O(0, 0, 0)$ 是稳定的结点；当 $0 < c^2 < 1$、$b < 0$、$a - \dfrac{1}{b} + c < 0$ 时，点 $O(0, 0, 0)$ 是不稳定的结

点；当 $b\left(a-\dfrac{1}{b}+c\right)<0$ 时，点 $O(0,\ 0,\ 0)$ 是鞍点。

定理 7.3 如果 $ac-\dfrac{c}{b}+1=0$，$a-\dfrac{1}{b}+c=0$，$b\neq0$，那么当 $b<0$、$c=1$ 或者 $b>0$、$c=-1$ 时，系统 (7.35) 的平衡点 $O(0,\ 0,\ 0)$ 是一个鞍点。

证明 由于 $ac-\dfrac{c}{b}+1=0$，$a-\dfrac{1}{b}+c=0$，可以计算得 $c=\pm1$。不妨先假设 $c=1$，进行坐标变换 $\boldsymbol{X}=\boldsymbol{T}_1\boldsymbol{Y}$，$\boldsymbol{X}=(x,y,z)^{\mathrm{T}}$，其中，

$$\boldsymbol{T}_1=\begin{pmatrix}-1 & -1 & 0\\ 0 & 0 & 1\\ 1 & 0 & 0\end{pmatrix}$$

此时，系统 (7.36) 转化为

$$\begin{pmatrix}\dot{y}_1\\ \dot{y}_2\\ \dot{y}_3\end{pmatrix}=\begin{pmatrix}0 & 1 & 0\\ 0 & 0 & 0\\ 0 & 0 & -b\end{pmatrix}\begin{pmatrix}y_1\\ y_2\\ y_3\end{pmatrix}+\begin{pmatrix}0\\ y_1y_3+y_2y_3\\ -y_1^2-2y_1y_2-y_2^2\end{pmatrix} \tag{7.41}$$

基于中心流形理论，很容易证明此时系统 (7.41) 存在一个中心流形

$$W^c(O)=\left\{(y_1,y_2,y_3)\in R^3\,\middle|\,y_3=h(y_1,y_2)\right\}$$

满足

$$h(0,0)=0,\ Dh(0,0)=0,\ h(y_1,y_2)=a_{20}y_1^2+2a_{11}y_1y_2+a_{02}y_2^2+\cdots \tag{7.42}$$

将式 (7.42) 代入式 (7.41)，可以获得以下表达式

$$a_{20}=-\frac{1}{b},\quad a_{11}=\frac{1}{b}\left(\frac{1}{b}-1\right),\ \cdots$$

$$\begin{cases}\dot{y}_1=y_2=y_2+p_2(y_1,y_2)\\ \dot{y}_2=-\dfrac{1}{b}y_1^3+\left(\dfrac{2-3b}{b^2}\right)y_1^2y_2+\left[\dfrac{2}{b}\left(\dfrac{1}{b}-1\right)+a_{02}\right]y_1y_2^2+a_{20}y_2^3=q_2(y_1,y_2)\end{cases}$$

$$\tag{7.43}$$

当 $p_2(y_1,y_2)=0$ 时，根据 $y_2+p_2(y_1,y_2)=0$，可知

$$y_2=\varphi(y_1)=0,\ \left[(p_2)'_{y_1}+(q_2)'_{y_2}\right]\Big|_{y_2=0}=\frac{2-3b}{b^2}y_1^2+\cdots$$

此时 $a_3=-\dfrac{1}{b}$，$b_2=\dfrac{2-3b}{b^2}$，$m=1$，$n=2$，易知当 $b<0$ 时，点

$\bar{O}(0,0)$ 是系统 (7.43) 的一个鞍点；当 $b > 0$ 时，点 $\bar{O}(0,0)$ 是中心或者焦点。值得注意的是另一个特征值 $\lambda_3 = -b$，所以当 $b < 0$、$c = 1$ 时，点 $O(0, 0, 0)$ 是系统 (7.35) 的一个鞍点，且 $\dim W_{\text{loc}}^{\text{u}}(O) = 2$，$\dim W_{\text{loc}}^{\text{s}}(O) = 1$。

另一方面，假设 $c = -1$，进行坐标变换 $\boldsymbol{X} = \boldsymbol{T}_2 \boldsymbol{Y}$，金融系统 (7.36) 转化为

$$\begin{pmatrix} \dot{y}_1 \\ \dot{y}_2 \\ \dot{y}_3 \end{pmatrix} = \begin{pmatrix} 0 & 1 & 0 \\ 0 & 0 & 0 \\ 0 & 0 & -b \end{pmatrix} \begin{pmatrix} y_1 \\ y_2 \\ y_3 \end{pmatrix} + \begin{pmatrix} y_1 y_3 \\ -y_1 y_3 \\ -y_1^2 \end{pmatrix} \tag{7.44}$$

这里

$$\boldsymbol{T}_2 = \begin{pmatrix} 1 & 0 & 0 \\ 0 & 0 & 1 \\ 1 & 1 & 0 \end{pmatrix}$$

将式 (7.42) 代入系统 (7.44)，经计算可得

$$a_{20} = -\frac{1}{b}, \ a_{11} = \frac{1}{b^2}, \ a_{02} = -\frac{2}{b^3}, \cdots$$

$$y_3 = h(y_1, y_2) = -\frac{1}{b} y_1^2 + \frac{2}{b^2} y_1 y_2 - \frac{2}{b^3} y_2^2 + \cdots$$

$$\begin{cases} \dot{y}_1 = y_2 - \dfrac{1}{b} y_1^3 + \dfrac{2}{b^2} y_1^2 y_2 - \dfrac{2}{b^3} y_1 y_2^2 + \cdots = y_2 + p_2(y_1, y_2) \\ \dot{y}_2 = \dfrac{1}{b} y_1^3 - \dfrac{2}{b^2} y_1^2 y_2 + \dfrac{2}{b^3} y_1 y_2^2 = q_2(y_1, y_2) \end{cases} \tag{7.45}$$

假设 $y_2 + p_2(y_1, y_2) = 0$ 解的表达式为

$$y_2 = \varphi(y_1) = c_1 y_1 + c_2 y_1^2 + c_3 y_1^3 + \cdots \tag{7.46}$$

从而有

$$c_1 y_1 + c_2 y_1^2 + c_3 y_1^3 + \cdots - \frac{1}{b} y_1^3 + \frac{2}{b^2} y_1^2 \left(c_1 y_1 + c_2 y_1^2 + c_3 y_1^3 + \cdots \right)$$

$$-\frac{2}{b^3} y_1 \left(c_1 y_1 + c_2 y_1^2 + c_3 y_1^3 + \cdots \right)^2 + \cdots = 0 \tag{7.47}$$

从式 (7.47) 中可以得到 $c_1 = c_2 = 0$, $c_3 = \dfrac{1}{b} \cdots$，即 $y_2 = \dfrac{1}{b} y_1^3 + \cdots$，从而可

得如下表达式

$$q_2\left[y_1,\varphi(y_1)\right]=\frac{1}{b}y^3+\cdots,\ \left[\left(p_2\right)'_{y_1}+\left(q_2\right)'_{y_2}\right]\Big|_{y_2=0}=-\frac{2+3b}{b^2}y_1^2+\cdots$$

可知 $n>m$，当 $b>0$ 时，点 $\bar{O}(0,0)$ 是系统 (7.45) 的鞍点；当 $b<0$ 时，点 $\bar{O}(0,0)$ 是中心或者焦点。因此当 $b>0$、$c=-1$ 时，点 $O(0,0,0)$ 是系统 (7.36) 的鞍点，且 $\dim W^{\mathrm{u}}_{\mathrm{loc}}(O)=2$，$\dim W^{\mathrm{s}}_{\mathrm{loc}}(O)=1$。

定理 7.4 当 $b>0$、$\dfrac{-b+\sqrt{b^2+4}}{2}<c<b$ 时，系统 (7.36) 的平衡点 E_1 是渐近稳定的。

证明 引入坐标转换

$$\begin{cases} x=y_1+d \\ y=y_2-\dfrac{d^2}{b} \\ z=y_3-\dfrac{d}{c} \end{cases} \tag{7.48}$$

其中，$d=\sqrt{1-ab-b/c}>0$，将式 (7.48) 代入系统 (7.36) 中，有

$$\begin{pmatrix} \dot{y}_1 \\ \dot{y}_2 \\ \dot{y}_3 \end{pmatrix}=\begin{pmatrix} 1/c & d & 1 \\ -2d & -b & 0 \\ -1 & 0 & -c \end{pmatrix}\begin{pmatrix} y_1 \\ y_2 \\ y_3 \end{pmatrix}+\begin{pmatrix} y_1 y_2 \\ -y_1^2 \\ 0 \end{pmatrix} \tag{7.49}$$

在经过这个坐标变换之后，将系统 (7.36) 的平衡点 E_1 转移到坐标原点，系统 (7.49) 在原点处的 Jacobian 矩阵为

$$\boldsymbol{B}=\begin{pmatrix} 1/c & d & 1 \\ -2d & -b & 0 \\ -1 & 0 & -c \end{pmatrix}$$

其特征多项式为

$$p_2(\lambda)=\lambda^3+\left(c-\frac{1}{c}+b\right)\lambda^2+\left(bc-\frac{b}{c}+2d^2\right)\lambda+2d^2c$$

通过 Routh-Hurwitz 准则可知，当且仅当以下条件成立时，系统 (7.49) 的所有特征值实部均为负。

$$\Delta_1 = c - \frac{1}{c} + b > 0 , \quad \Delta_2 = \left(c - \frac{1}{c} + b \right) \left(bc - \frac{b}{c} + 2d^2 \right) - 2d^2 c > 0 , \quad \Delta_3 =$$
$2d^2 c \Delta_2 > 0$

当 $b > 0$、$\dfrac{-b + \sqrt{b^2 + 4}}{2} < c < b$ 时，上述条件都成立。因此，平衡点 E_1 是渐近稳定的。用上述方法同样可以分析平衡点 E_2 的局部稳定性。

7.4
原点处的 Hopf 分岔

Hopf 分岔在微分动力系统的理论研究中起着非常重要的作用，本节将讨论该系统 Hopf 分岔的存在性、Hopf 分岔的方向以及分岔出的极限环的稳定性。

根据系统 (7.35) 在点 $O(0, 0, 0)$ 处的 Jacobian 矩阵及其特征多项式，可知当 $a - \dfrac{1}{b} + c = 0$、$ac - \dfrac{c}{b} + 1 > 0$ 时，线性系统矩阵 A 有一对复特征根：$\lambda_{1,2} = \pm i\omega (\omega \in \mathbb{R}^+)$，且有 $\omega = \sqrt{ac - \dfrac{c}{b} + 1}$，$-1 < c < 1$ 或者 $-1 < a - \dfrac{1}{b} < 1$。此时，系统特征值实部对参数 $\zeta = (a, b, c)$ 满足 $\mathrm{Re}\left(\dfrac{\mathrm{d}\lambda}{\mathrm{d}\zeta} \right) \neq 0$。因此当 $a - \dfrac{1}{b} + c = 0$、$ac - \dfrac{c}{b} + 1 > 0$ 时，系统 (7.35) 存在 Hopf 分岔，由于系统 (7.35) 在分岔面上的 Hopf 分岔是非常复杂的，因此在上述取值范围内，接下来只考虑 $a = 3$ 时系统的动力学特性分析。

定理 7.5 假设 $a = 3$，如果 $0.25 < b < 0.4929$，那么有 $l_1(0) < 0$，系统 (7.35) 在原点 $O(0, 0, 0)$ 处的 Hopf 分岔是非退化的，且是超临界的。

证明 当 $a = 3$、$c = \dfrac{1}{b} - 3$ 时，系统 (7.36) 转化为以下形式

$$\begin{cases} \dot{x} = (1/b - 3)x + z + xy \\ \dot{y} = -by - x^2 \\ \dot{z} = -x - (1/b - 3)z \end{cases} \quad (7.50)$$

系统 (7.50) 在点 $O(0, 0, 0)$ 处的 Jacobian 矩阵为

$$A = \begin{pmatrix} 1/b-3 & 0 & 1 \\ 0 & -b & 0 \\ -1 & 0 & -(1/b-3) \end{pmatrix}$$

假设 $q \in C^3$ 是对应于特征值 λ_1 的复特征向量，满足 $Aq = \mathrm{i}\omega q$，$A\bar{q} = -\mathrm{i}\omega\bar{q}$，引入伴随特征向量 $p \in C^3$，满足 $A^{\mathrm{T}}p = -\mathrm{i}\omega p$，$A^{\mathrm{T}}\bar{p} = \mathrm{i}\omega\bar{p}$，这里 $\omega = \sqrt{(1/b-2)(4-1/b)}$，经计算可得

$$q = \begin{pmatrix} 1 \\ 0 \\ (3-1/b)+\mathrm{i}\sqrt{(1/b-2)(4-1/b)} \end{pmatrix}$$

$$p = \frac{1}{1-e}\begin{pmatrix} 1 \\ 0 \\ -(3-1/b)+\mathrm{i}\sqrt{(1/b-2)(4-1/b)} \end{pmatrix}$$

这里 $e = \left[3-1/b+\mathrm{i}\sqrt{(1/b-2)(4-1/b)}\right]^2$，满足 $\langle p,q \rangle = 1$，此时系统 (7.36) 可以写成以下形式

$$\dot{X} = AX + F(X), \quad X \in \mathbb{R}^3 \tag{7.51}$$

式中，$F(X) = O\left(\|X\|^2\right)$ 是关于 $X = (x, y, z)^{\mathrm{T}}$ 的光滑函数。这个光滑函数在 $X = 0$ 附近的泰勒展开式为

$$F(X) = \frac{1}{2}B(X, X) + \frac{1}{6}C(X, X, X) + O\left(\|X\|^4\right)$$

$B(X, X)$、$C(X, X, X)$ 是多线性函数，有以下定义

$$B_i(X, X) = \sum_{j,k=1}^{n} \frac{\partial^n F_i(\xi)}{\partial \xi_j \partial \xi_k}\bigg|_{\xi=0} x_j y_k$$

$$C_i(X, X, X) = \sum_{j,k,l=1}^{n} \frac{\partial^n F_i(\xi)}{\partial \xi_j \partial \xi_k \partial \xi_L}\bigg|_{\xi=0} x_j y_k z_l$$

这里 $i = 1, 2, \cdots, n$。对于系统 (7.35)，有 $B(X, X) = (2xy, -2x^2, 0)^{\mathrm{T}}$，$C(X, X, X) = (0, 0, 0)^{\mathrm{T}}$，由此可见

$$B(q, q) = B(q, \bar{q}) = (0, -2, 0)^{\mathrm{T}}, \quad A^{-1} = -\frac{1}{b^2\omega^2}\begin{pmatrix} b(1-3b) & 0 & b^2 \\ 0 & b\omega^2 & 0 \\ -b^2 & 0 & b(3b-1) \end{pmatrix}$$

假设 $s = A^{-1}B(q,\overline{q})$，$s' = (2i\omega I - A)^{-1}B(q,q)$，则有

$$s' = \left\{ 0, -2 / \left[b + 2\sqrt{(2-1/b)(4-1/b)} \right], 0 \right\}^{\mathrm{T}}$$

$$B(\overline{q},s') = \left\{ -2 / \left[b + 2\sqrt{(2-1/b)(4-1/b)} \right], 0, 0 \right\}$$

$$\langle p, B(\overline{q},s') \rangle = \frac{1}{1-\overline{e}} \left\{ -2 / \left[b + 2\sqrt{(2-1/b)(4-1/b)} \right] \right\}$$

此时，系统 (7.50) 在点 $O(0,0,0)$ 处的第一 Lyapunov 系数为

$$l_1(0) = \frac{1}{2\omega} \mathrm{Re} \left[-2\langle p, B(q,s) \rangle + \langle p, B(\overline{q},s') \rangle \right]$$

$$= \frac{1}{2\omega} \mathrm{Re} \left\{ \frac{2}{\overline{e}-1} \left[\frac{2}{b} + \frac{1}{b + 2\sqrt{(2-1/b)(4-1/b)}} \right] \right\}$$

$$= \frac{1}{2\omega} \frac{-3b^4 + 6b^3 + 30b^2 - 24b + 4}{\left[\omega^2 + (3-1/b)^2 \right] (b^2 + 4\omega^2) b^3}$$

选取系统 (7.35) 的初始值为 $(x_0, y_0, z_0) = (0.04, -0.01, -0.06)$，当 $0.25 < b < 0.4929$ 时，有 $l_1(0) < 0$，因此系统 (7.35) 的 Hopf 分岔是超临界退化的，系统的动力学行为如图 7.1 所示。从图 7.1(a) 中，可以发现当 $c = -0.4 > 1/b - 3$ 时，点 $O(0,0,0)$ 是渐近稳定的；当 $c = -0.6 < 1/b - 3$ 时，系统产生了唯一稳定的极限环，如图 7.1(b) 所示。

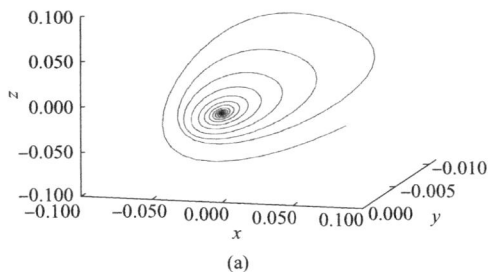

(a)

图 7.1

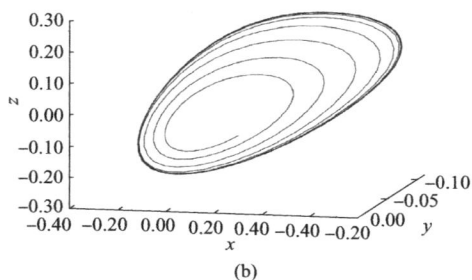

图 7.1　a=3、b=0.4 时系统 (7.35) 在平衡点 O 附近的相轨迹
(a) c=-0.4；(b) c=-0.6

7.5
滑动模块控制方法

　　滑动模块控制（SMC）是一种可变结构的控制策略，这种控制与常规控制的区别在于它具有一种使系统"结构"随时间变化的开关特性。它利用特定的开关控制律使系统轨迹驱动到人为规定的表面上，即滑模面，然后强迫系统的状态变量沿着既定的相轨迹滑动到平衡点。一旦滑动运动行为成立，系统会呈现不变的动力学特性，这使得系统运动独立于某些参数的扰动。因此，一定意义上，系统的性能可以完全由滑动流形的设计来决定。

　　为了便于理解，先给出一类 2 阶非线性系统

$$\begin{cases} \dot{x}_1 = x_2 \\ \dot{x}_2 = f(X,t) + u(t) + v(t) \\ Y = x_1 \end{cases} \tag{7.52}$$

式中，$X = (x_1, x_2)^T \in \mathbb{R}^2$；$u(t) \in \mathbb{R}$；$Y \in \mathbb{R}$。

　　这里，令 Y_r 为系统中量 Y 的参考信号，可得系统 (7.52) 的跟踪误差值描述为

$$e = Y - Y_r \tag{7.53}$$

依据传统的滑模控制方法，可以设计滑模面方程为

$$M = \dot{e} + l_p e \tag{7.54}$$

引入积分项有

$$M = \dot{e} + l_p e + l_1 \int_0^t e \mathrm{d}\tau \tag{7.55}$$

由此可获得全程积分滑模面方程为

$$M = \dot{e} + l_p e + l_1 \int_0^t e \mathrm{d}\tau - \dot{e}(0) - l_p e(0) \tag{7.56}$$

为避免系统的暂态性能扩张，考虑一光滑非线性的函数表达式 $\varphi(e)$，即可推得如下模式

$$\begin{cases} M = \dot{e} + l_p e + l_1 \delta \\ \dot{\delta} = \varphi(e) \end{cases} \tag{7.57}$$

下面，假设函数 $\Phi(e)$ 和参数 θ 满足

$$\Phi(e) = \begin{cases} \dfrac{2\theta^2}{\pi}\left(1 - \cos\dfrac{\pi e}{2\theta}\right), & |e| < \theta \\ \theta e - \dfrac{\pi - 2}{\pi}\theta^2, & e \geqslant \theta \\ -\theta e - \dfrac{\pi - 2}{\pi}\theta^2, & e \leqslant -\theta \end{cases} \tag{7.58}$$

以及

$$\varphi(e) = \begin{cases} \theta\sin\dfrac{\pi e}{2\theta}, & |e| < \theta \\ \theta, & e \geqslant \theta \\ -\theta, & e \leqslant -\theta \end{cases} \tag{7.59}$$

从而有如下命题。

命题 7.1 函数 $\Phi(e)$ 和 $\varphi(e)$ 具有性质：

①若 $e \neq 0$，则有 $\Phi(e) > 0$，若 $e = 0$，则有 $\Phi(e) = 0$，$\varphi(e) = 0$；

②$\Phi(e)$ 是连续可微函数，并且当 $|e| < \theta$ 时，$\varphi(e)$ 是严格单调的递增函数，当 $|e| \geqslant \theta$ 时，$\varphi(e)$ 是饱和的。

接下来，分两种情况来讨论上述滑模面设计的可行性。

（1）控制输入函数没有约束

令等效控制函数为 $\hat{u} = -\hat{f}(X,t) - l_P\dot{e} - l_1\varphi(e) + \ddot{Y}_r$，切换增益函数表达式为 $C(X,t) = F(X,t) + V(t) + \sigma,\ \sigma > 0$，其中 ρ 为边界层的厚度，则控制率表达形式为

$$u(t) = \hat{u} - C(X,t)\operatorname{sat}(M/\rho) \tag{7.60}$$

当滑模位于边界层外面时，式 (7.60) 表示为

$$u(t) = \hat{u} - C(X,t)\operatorname{sgn}M \tag{7.61}$$

进一步，有

$$\dot{M} = \ddot{e} + l_P\dot{e} + l_1\varphi(e) \tag{7.62}$$

选取 Lyapunov 函数为 $L_1 = \dfrac{1}{2}M^2$，可得

$$
\begin{aligned}
\dot{L}_1 &= M\left(\ddot{e} + l_P\dot{e} + l_1\dot{\delta}\right) \\
&= M\left[f + \hat{u} - C\operatorname{sgn}(M/\rho) + v - \ddot{Y}_r + l_P\dot{e} + l_1\varphi\right] \\
&\leqslant |M|\left[|\Delta f + v| - (F + V + \sigma)\right] \\
&\leqslant -\sigma|M|
\end{aligned}
$$

因此，可获得滑模变量 M 能够在有限的时间 $t_R \leqslant \dfrac{|M(0) - \rho|}{\sigma}$ 内到达系统边界层的内部。

令 $\mu(X,\ t) = \Delta f(X,\ t) + v(t),\ \alpha = C(X,\ t)/\rho$，系统式 (7.52) 在边界层内部满足

$$\dot{M} = \ddot{e} + l_P\dot{e} + l_1\varphi(e) = \mu(t) - \alpha M(t) \tag{7.63}$$

即

$$M(s) = \frac{1}{s + \alpha}\mu(s) \tag{7.64}$$

式中，s 是 Laplace 算子。由终值定理和 Barbalat 引理可知

$$
\begin{aligned}
\lim_{t\to\infty}M(t) &= \lim_{s\to 0}\left[\frac{s}{s + \alpha}\mu(s)\right] \\
&= \lim_{s\to 0}\frac{1}{s + \alpha} \times \lim_{t\to\infty}\mu(t) \\
&= \frac{k}{\alpha}
\end{aligned}
\tag{7.65}
$$

$$\ddot{e} + l_P \dot{e} + l_1 \varphi(e) = 0 \tag{7.66}$$

此时，选取 Lyapunov 函数为

$$L_2 = \frac{1}{2}\dot{e}^2 + l_1 \varPhi(e) \tag{7.67}$$

根据命题 7.1 可得

$$\dot{L}_2 = \dot{e}\ddot{e} + l_1 \varphi \dot{e} = -\dot{e}(l_P \dot{e} + l_1 \varphi) + l_1 \varphi \dot{e} = -l_P \dot{e}^2 - l_1 \varphi \dot{e} + l_1 \varphi \dot{e} = -l_P \dot{e}^2 \leqslant 0 \tag{7.68}$$

从而有 $(e, \dot{e}) = (0, 0)$ 为系统的全局渐近稳定平衡点，所以当 $\lim\limits_{t \to \infty} \mu(X,t) = k$ 时，有 $\lim\limits_{t \to \infty} e(t) = \lim\limits_{t \to \infty} \dot{e}(t) = 0$ 成立。

（2）控制输入函数有约束

当系统式 (7.52) 的控制输入函数具有约束限制

$$|v| \leqslant v_{\max}, \ v_{\max} > 0 \tag{7.69}$$

且饱和控制率表示为

$$v = -v_{\max} \mathrm{sat}(M/\rho) \tag{7.70}$$

此时，可设计控制律函数为

$$v = -v_{\max} \mathrm{sat}\left[\frac{\left(\dot{e} + l_P e + l_1 \int_0^t e \mathrm{d}\tau\right)\dfrac{v_{\max}}{\rho}}{v_{\max}} \right]$$

$$= v_{\max} \mathrm{sat}\left[\frac{\dfrac{v_{\max}}{\rho}(-\dot{e}) + \dfrac{v_{\max}}{\rho}l_P(-e) + \dfrac{v_{\max}}{\rho}l_1 \int_0^t(-e)\mathrm{d}\tau}{v_{\max}} \right] \tag{7.71}$$

下面将采用上述滑动控制方法来消除金融混沌系统 (7.35) 的混沌行为。为了简化受控的金融系统在滑模面上的稳定性指令，这里将采用一种特殊类型的比例积分（PI）开关面，它在不减少系统阶次的同时，更容易保证受控金融系统在滑动模式下的稳定性。当选取非线性金融混沌系统的初始值时，发现系统 (7.35) 会产生一个混沌吸引子，如图 7.2 所示。

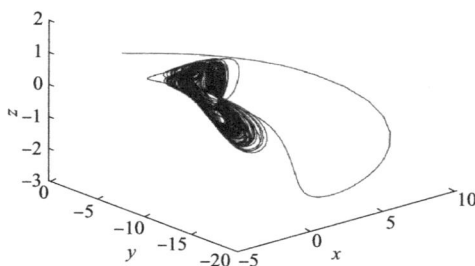

图 7.2　系统 (7.35) 在 $b=0.1$、$a=0.00001$、$c=1$ 时呈现的混沌吸引子

引入控制项输入来控制系统 (7.35)，受控的金融混沌系统转变为

$$\begin{cases} \dot{x} = (1/b - a)x + z + xy + u_1 \\ \dot{y} = -by - x^2 + u_2 \\ \dot{z} = -x - cz \end{cases} \tag{7.72}$$

系统 (7.72) 可以写成矩阵形式

$$\dot{X} = AX + BF + Bu(t) \tag{7.73}$$

这里 $u(t) \in \mathbb{R}^{2 \times 1}$ 是控制输入。

其中，

$$A = \begin{pmatrix} 1/b - a & 0 & 1 \\ 0 & -b & 0 \\ -1 & 0 & -c \end{pmatrix}, \quad B = \begin{pmatrix} 1 & 0 & 0 \\ 0 & 1 & 0 \end{pmatrix}^{\mathrm{T}},$$

$$F = (xy, -x^2)^{\mathrm{T}}, \quad u(t) = (u_1, u_2)^{\mathrm{T}}$$

定义积分开关面为

$$S = CX - \int_0^t C(A + BK)X(\tau)\mathrm{d}\tau \tag{7.74}$$

式中，$C, K \in \mathbb{R}^{2 \times 3}$，$S \in \mathbb{R}^{2 \times 1}$。矩阵 C 和矩阵 K 的选择取决于矩阵 CB 的非退化性和 $\lambda_{\max}(A + BK) < 0$。为了验证和证明该方法的有效性，选择 $\gamma = 1.2 > 1$，$C = \begin{pmatrix} 1 & 0 & 0 \\ 0 & 1 & 0 \end{pmatrix}$，使得 $CB = \begin{pmatrix} 1 & 0 \\ 0 & 1 \end{pmatrix}$ 是非退化的，选择 $K = \begin{pmatrix} -10.99999 & 0 & -1 \\ 0 & 0.9 & 0 \end{pmatrix}$，使得 $\lambda_{\max}(A + BK) = -1 < 0$。因此，通过以下方法得到了积分开关面方程

$$S = CX - \int_0^t C(A+BK)X(\tau)\mathrm{d}\tau = \begin{cases} s_1 = x + \int_0^t x(\tau)\mathrm{d}\tau \\ s_2 = y + \int_0^t y(\tau)\mathrm{d}\tau \end{cases}$$

$$U = -\gamma(CB)^{-1}\|CB\|(\|KX\| + \|F\|)\mathrm{sign}(S)$$

$$= -1.2\left(\left\|\begin{pmatrix} -10.99999 & 0 & -1 \\ 0 & 0.9 & 0 \end{pmatrix}X\right\| + \|F\|\right)\mathrm{sign}(S)$$

$$\begin{pmatrix} u_1 \\ u_2 \end{pmatrix} = \begin{cases} -1.2(\|(-10.99999, 0, -1)X\| + \|F\|)\mathrm{sign}(s_1) \\ -1.2(\|(0, 0.9, 0)X\| + \|F\|)\mathrm{sign}(s_2) \end{cases}$$

通过 MATLAB 进行仿真，选取系统的参数为 $a = 0.00001$，$b = 0.1$，$c = 1$，初始点坐标为 $[x(0), y(0), z(0)] = (0.1,\ 0.23,\ 0.31)$，系统 (7.72) 的动力学行为如图 7.3 所示，由此可见，滑动模块控制方法可以有效地对非线性金融混沌系统 (7.35) 的平衡点进行控制调节。

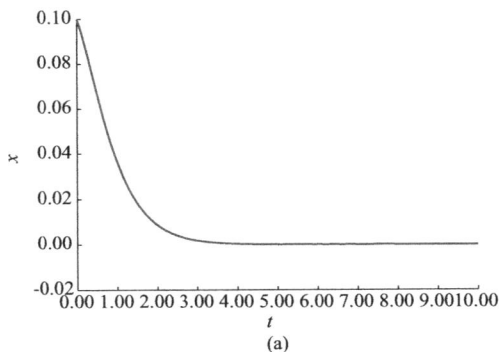

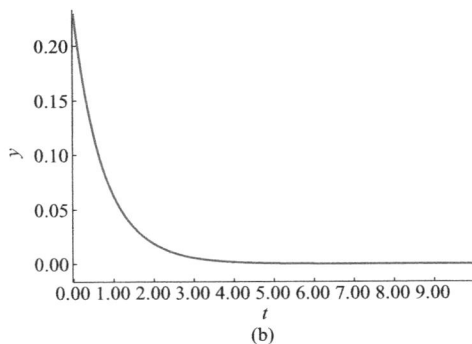

图 7.3

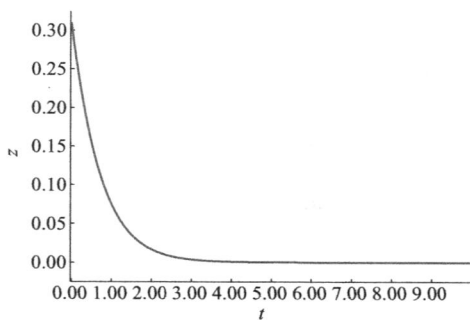

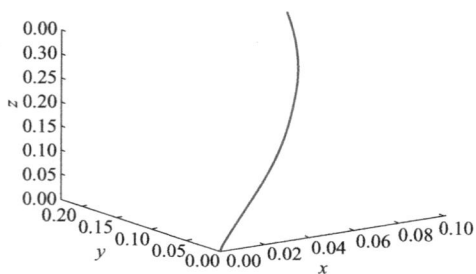

图 7.3　受控系统 (7.72) 的动力学响应

(a) *x-t* ; (b) *y-t* ; (c) *z-t* ; (d) *x-y-z*

7.6
本章小结

　　本章讨论了非线性动力学的分岔稳定性理论和方法在金融混沌系统中的部分应用。在本章中研究的非线性金融混沌系统，当前缺少对其零平衡点附近动力学行为，因此采用中心流形定理对其进行了降维处理，系统地研究了在不同的参数条件下，线性金融混沌系统双曲平衡点和零 / 双零平衡点的局部稳定性与 Hopf 分岔问题，证实了系统在满足相关参数条件的情况下可以呈现稳定的极限环。同时，选取合适的控制函数，利用滑动模块控制方法消除了系统的混沌行为，并将该金融混沌系统稳定到一个平衡点上，通过理论分析和数值模拟，验证了该控制方法真实有效。

参考文献

[1] Gilmore C G. A new approach to testing for chaos, with applications in finance and economics. International Journal of Bifurcation and Chaos, 1993, 3 (3): 583-587.

[2] Lebaron B. Chaos and nonlinear forecastability in economics and finance. Philosophical Transactions of the Royal Society A-Mathematical Physical and Engineering Sciences, 1994, 348 (1688): 397-404.

[3] Scheinkman J A. Nonlinear dynamics in economics and finance. Philosophical Transactions of the Royal Society A-Mathematical Physical and Engineering Sciences, 1994, 346 (1679): 235-250.

[4] Guegan D. Chaos in economics and finance. Annual Reviews in Control, 2009, 33(1): 89-93.

[5] Zhang F C, Yang G X, Zhang Y, et al. Qualitative Study of a 4D Chaos Financial System. Complexity, 2018, 3789873.

[6] Mastroeni L, Vellucci P. Replication in Energy Markets: Use and Misuse of Chaos Tools. Entropy, 2022, 24 (5): 701.

[7] Bischi G I, Baiardi L C, Lamantia F, et al. Nonlinear dynamics and game-theoretic modeling in economics and finance. Annals Of Operations Research, 2024, 337 (3): 731-737.

[8] Azam A, Sunny D A, Aqeel M. Generation of multiscroll chaotic attractors of a finance system with mirror symmetry. Soft Computing, 2023, 27 (6): 2769-2782.

[9] 沈天峰, 闫国玉, 吕明, 等. 一类非线性多智能体系统的滑模鲁棒控制. 工业控制计算机, 2017, 30(9): 63-65.

[10] 李鹏, 郑志强. 非线性积分滑模控制方法. 控制理论与应用, 2011, 28(3): 421-426.

[11] Cai G L, Yu H J, Li Y X. Localization of compact invariant sets of a new nonlinear finance chaotic system. Nonlinear Dynamics, 2012, 69 (4): 2269-2275.

[12] Tacha O I, Volos C K, Kyprianidis I M, et al. Analysis, adaptive control and circuit simulation of a novel nonlinear finance system. Applied Mathematics and Computation, 2016(276): 200-217.

[13] Ma R R, Wu J, Wu K X, et al. Adaptive fixed-time synchronization of Lorenz systems with application in chaotic finance systems. Nonlinear Dynamics 2022, 109 (4) : 3145-3156.

[14] Drakunov S V, Utkin V I. Sliding mode control in dynamic-systems. International Journal of Control, 1992, 55 (4) : 1029-1037.

[15] Chen H G, Yu L, Wang Y L, et al. Synchronization of a Hyperchaotic Finance System. Complexity, 2021: 6618435.

[16] Roopaei M, Sahraei B R, Lin T C. Adaptive sliding mode control in a novel class of chaotic systems. Communications in Nonlinear Science and Numerical Simulation,

2010, 15 (12): 4158-4170.

[17] Koshkouei A J, Burnham K J, Zinober A S I. Dynamic sliding mode control design. IEE Proceedings-Control Theory and Applications, 2005, 152 (4): 392-396.

[18] Liu Y F, Yang X G, Miao D, et al. Chaotic synchronization problem of finite-time convergence based on fuzzy sliding mode. Acta Physica Sinica, 2007, 56 (11): 6250-6257.

[19] Xu G W, Zhao S D, Cheng Y. Chaotic Synchronization based on improved global nonlinear integral sliding mode control. Computers & Electrical Engineering, 2021, 96 (A): 107497.

[20] Nguyen T B T, Liao T L, Yan J J. Improved adaptive sliding mode control for a class of uncertain nonlinear systems subjected to input nonlinearity via fuzzy neural networks. Mathematical Problems in Engineering, 2015: 351524.

[21] Chegini S, Yarahmadi M. Quantum sliding mode control via error sliding surface. Journal of Vibration and Control, 2018, 24 (22): 5345-5352.

[22] Feng Y, Han F L, Yu X H. Chattering free full-order sliding-mode control. Automatica, 2014, 50 (4) : 1310-1314.

[23] Kocamaz U E, Göksu A, Taskin H, et al. Synchronization of chaos in nonlinear finance system by means of sliding mode and passive control methods: A comparative study. Information Technology And Control, 2015, 44 (2): 172-181.

[24] Irfan S, Mehmood A, Razzaq M T, et al. Advanced sliding mode control techniques for inverted pendulum: Modelling and simulation. Engineering Science and Technology-An International Journal, 2018, 21(4): 753-759.

[25] Marwan M, Ahmad S, Aqeel M, et al. Control analysis of rucklidge chaotic system. Journal of Dynamic Systems Measurement and Control-Transactions of the Asm, 2019, 141(4): 041010.

[26] Yorgancioglu F, Redif S. Fast nonsingular terminal decoupled sliding-mode control utilizing time-varying sliding surfaces. Turkish Journal of Electrical Engineering and Computer Sciences, 2019, 7 (3): 1922-1937.

[27] 张伟 . 基于新型滑模方法的分数阶金融超混沌系统的同步控制 . 内蒙古农业大学学报：(自然科学版), 2019, 40(2): 89-93.

[28] Chen D Y, Liu Y X, Ma X Y, et al. Control of a class of fractional-order chaotic systems via sliding mode. Nonlinear Dynamics, 2012, 67 (1) : 893-901.

[29] Rangkuti Y M, Alomari A K, Anakira N R, et al. Approximate-Analytic Solution of Hyperchaotic Finance System by Multistage Approach. Sains Malaysiana, 2022, 51(6): 1905-1914.

[30] 徐瑞萍，高存臣 . 基于线性控制的一类金融系统的混沌同步 . 控制工程 , 2014, 21 (1): 18-22.

[31] 李银 . 一类金融混沌系统的同步控制 . 宁波大学学报（理工版）, 2010, 23 (3): 65-69.

[32] 孙梅，田立新 . 一类混沌金融系统的自适应同步 . 江苏大学学报（自然科学版）, 2005, 26 (6): 488-491.

第 8 章

具有群体防御和收获效应捕食系统的动力学分析

8.1
生态捕食系统简介

　　将非线性动力学方法应用到生物学中对于实现生物资源的有效管理具有重要的理论指导和实用意义。作为生物数学主要分岔之一的种群动力学，是生物数学研究里的一个热点领域，它研究的是种群在与环境和其他种群相互作用的影响下，数量、空间分布以及种群内部结构等的动态变化。自然界中，种群之间广泛存在的作用关系有捕食、互利共生和竞争关系等。生态学家 Lotka[1] 和数学家 Volterra[2] 先后提出了一个反映自然界中常见种群间作用关系的模型，即经典的 Lotka-Volterra 模型，它是由两个微分方程组成的动力系统。之后，从该模型中衍生出的许多模型被广泛应用到不同的生态系统 [3] 中。Freedman[4] 描述了一种三个自治常微分方程组描述的捕食者 - 猎物种群，其中猎物种群可能是寄生虫的次要宿主或主要宿主，但捕食者始终是主要宿主。那些被寄生虫入侵的猎物会改变它们的行为，使它们更容易被捕食。在两个种群都是主要宿主的情况下，研究给出了所有种群持续存在的条件。Gakkhar 和 Naji[5] 对一个包含非线性函数响应的双食模型进行了分析和数值研究。研究表明针对此系统展开长时间行为研究时，系统在一系列参数值下似乎表现出混沌。Javidi 和 Nyamoradi[6] 介绍了一个分数阶捕食者 - 食饵模型，从局部稳定性的角度研究了系统的动力学行为。Anitha 等人 [7] 研究了一个具有种内竞争和自我相互作用的两猎物 - 捕食者系统，并对其动力学进行了数学分析，得到了系统解的正性、有界性以及可能出现的平衡点和系统在这些点处的稳定性。对于时滞模型的稳定性，发现时间延迟使系统从稳定状态变为不稳定状态。

　　反应扩散型偏微分方程给出了描述种群动力学的适当数学结构。Guin 和 Acharya[8] 研究了具有线性猎物捕获和恒定比例猎物避难所影响的比率依赖 Holling Ⅱ 型捕食者 - 猎物模型系统的时空动态和分岔问题；确定了非空间模型中所有生态可行平衡的存在性，并对这些平衡进行了动力学分类，探讨了双参数空间中扩散驱动不稳定性和图灵分岔区的参数值条件。Thirthar 等人 [9] 介绍了猎物物种对捕食者的恐惧。他们认为猎物和捕食者的捕食都是根据 Beddington-DeAngelis 型功能反应发生的。捕食者被认为是超级捕食者物种的庇护所。由于超级捕食者对捕食者的恐惧和避难行为，预计会有不断增加的食物被提供给它们，而捕食者将从这些多余的食物中受益。此外，他们通过对模型的分析，探索了系统在内部平衡点的局部和全局稳定性，研究了系统关于捕食者恐惧的 Hopf 分岔的存在条件。Mortuja 等人 [10] 分析了考虑猎物群体行为和非线性猎物捕获的平方根型功能响应的捕食者 - 猎物系统的动力学；研究了所有平衡存在的条件以及系统每个平衡点的稳定性；以分岔参数为收获率对鞍节点分岔进行了分析。结果表明，如果收获率选择在低于最大可持续产量的适当值，那么两个种群将共存，生态平衡将得到维持。Zhang 和 Wang [11] 研究了对捕食者具有弱 Allee 效应的离散捕食者 - 食饵系统在非双曲和退化情况下的不动点、余维一分岔和 Marotto 混沌的定性性质；利用中心流形定理和约化原理，探讨了非双曲情况下每个不动点的定性性质；基于近似流理论，研究了退化情况下边界不动点的定性性质；利用中心流形定理和分岔理论，探索了共存不动点的所有潜在余维一分岔类型，包括翻转分岔和 Neimark-Sacker 分岔。研究获得了由系统参数表示的简洁非退化条件，及由分岔引起的系统轨道的解析表达式。

从生物学角度来看，新兴的时空模式表明，全球种内竞争可以通过允许猎物保持临界的总种群规模来促进猎物和捕食者的共存，这可以为一些猎物物种在捕食风险下的群体形成提供一种替代方法。Geng 等人 [12] 研究了非局部种内猎物竞争对 Holling-Tanner 捕食者 - 猎物扩散模型时空动力学的影响，建立了 Hopf、Turing、双 Hopf 和 Turing-Hopf 分岔的判据，并确定了正平衡的稳定和不稳定区域。研究结果表明，在强非局域相互作用下，系统会表现出三稳态现象，即稳定的空间非齐次周期轨道和两个非恒定的稳定稳态共存，以及非局域相互作用引起的具有两个空间波频率的周期轨道的存在。Greenhalgh 等人 [13] 提出了一种猎物之间有疾病、感染和易感猎物都有比率依赖功能反应的捕食者 - 猎物模型，给出了围绕每个生态意义平衡的系统动力学分析。

Liang 和 Meng[14] 考虑了一个具有恐惧反应延迟、妊娠延迟、恐惧效应、猎物避难等效应的捕食者 - 猎物模型。对于无延迟模型，证实了解的正性和有界性，给出了三个平衡存在和稳定的充分条件；对于具有时滞的模型，不仅分析了正平衡点的局部稳定性和 Hopf 分岔的发生，得到了 Hopf 分岔的方向和分岔周期解的稳定性，随后还通过交叉曲线研究了正平衡点在时滞平面上的稳定性切换。Qi 和 Meng[15] 研究了具有猎物避难所、恐惧效应和非恒定死亡率的随机捕食者 - 猎物系统的阈值行为，确定了猎物和捕食者的平均灭绝和持续时间，通过构造合适的 Lyapunov 函数来建立唯一遍历平稳分布存在的阈值。Ducrot 等人[16] 研究了三物种反应扩散系统的大时间行为，模拟了两种捕食者以单一猎物物种为食的空间入侵。除了对食物的竞争外，这两种捕食者还表现出竞争性的相互作用，在某些参数条件下，当捕食者种群中发生突变时，入侵的空间传播以一定的速度发生，两种突变体的速度相同，然而当这两种捕食者没有通过突变结合时，传播行为表现出包括速度不同的多层复杂的传播模式。Ajraldi 等人[17] 证明了在适当的简单假设下，经典的两种群系统可能会表现出意想不到的行为。他们考虑了所有类型的种群相互作用、共生、竞争和捕食者 - 猎物的相互作用效应。对于捕食者 - 猎物的情况，系统可能存在包括 Hopf 分岔等持续的极限环行为。

研究生态模型的复杂动力学，以维持物种的共存，对现实环境中的生态平衡至关重要。基于种群间的捕食关系建立的捕食 - 食饵模型是种群动力学中最基本的模型之一。Kumar 和 Kharbanda[18] 讨论了捕食者 - 猎物模型在存在群体防御和猎物非线性收获的情况下的稳定性和分岔情况，分析了系统解的有界性、平衡点的存在性和稳定性条件。该模型经历了鞍节点、跨临界和 Hopf-Andronov 分岔。他们通过计算第一 Lyapunov 数，研究了系统 Hopf 分岔的方向，并进一步考虑了猎物捕获率和捕食者死亡率等分岔参数对模型的影响。Ali 和 Chakravarty[19] 研究了由两个竞争性猎物和一个捕食者组成的依赖猎物的三组分食物链模型系统中捕食者种群之间的种内竞争，深入分析了系统在生物可行平衡附近的行为及其 Hopf-Andronov 分岔，建立了系统的有界性和耗散性。结果表明，捕食者种群之间的种内竞争有利于捕食者的生存。Ali 等人[20]

考虑了一个包含猎物、捕食者和顶级捕食者种群比率依赖的食物链模型，将捕食者的种内竞争纳入了模型分析，研究了系统解的有界性、耗散性和持久性，并分析了各种平衡点的存在性和系统在这些平衡点处的稳定性。研究发现该系统表现出 Bogdanov-Takens 分岔、鞍节点分岔、Hopf 分岔等丰富的动力学行为。Kar[21] 对一个受延迟和收获共同影响的两物种捕食者 - 食饵系统模型进行了分析。结果表明延迟和收获努力都可能对系统的稳定性起到重要作用。Srinivasu 和 Ismail[22] 考虑了一个具有 Holling 型捕食和独立捕食的捕食者 - 食饵模型。研究表明使用收割努力作为控制，可以打破系统的循环行为并将其驱动到所需的状态。

此外，还可以使用上述控制在系统中引入全局稳定的极限环。El-Gohary 和 Al-Ruzaiza[23] 证明了使用非线性反馈控制输入可以渐近稳定连续时间三物种捕食者 - 食饵种群，得到该系统渐近稳定的必要反馈控制律。对于选取的特定系列参数值，该系统似乎表现出混沌行为，由此可确定子系统收敛到极限环的系统参数范围。Ghosh 等人 [24] 研究了具有 HollingⅣ型功能反应和非线性捕食者捕食的两物种捕食者 - 食饵模型的动态行为，建立了模型解的正性和有界性。在考虑系统的平凡平衡点、轴向平衡点和内部平衡点动力学行为时，发现平凡平衡点总是鞍形的，轴向平衡点的稳定性取决于转换效率的临界值，对于内部平衡点而言，可以通过各种参数条件改变其稳定性。Han 和 Dai[25] 研究了具有 Allee 效应的有毒浮游植物 - 浮游动物模型的非线性交叉扩散驱动的时空模式形成和选择；对相应的非空间模型和空间模型进行数学分析，发现非线性交叉扩散是空间格局形成的关键机制；通过将交叉扩散速率作为分岔参数，推导出了描述时空动力学的非线性交叉扩散下的振幅方程，解释了各种形式图灵模式的结构转变和稳定性。

Chattopadhyay 等人 [26] 研究了具有猎物种群感染的经典捕食者 - 猎物系统的问题。经典的捕食者 - 猎物系统分为三组，即易感猎物、感染猎物和捕食者。他们通过计算获得了易感猎物因感染而导致的相对清除率；观察了该系统在每个平衡点周围的动态行为，发现系统在正内部平衡点附近的局部渐近稳定性保证了其全局渐近稳定性；证明了随着传输速率的增加，系统总是存在 Hopf 分岔现象。Das 等人 [27] 提出了一种用于研究具有群体防御的收获猎物捕食者模型的动力学非线性随机生态流行病模型。他们利用某些假设，分别考虑易感害虫种群的噪声内在增长率、感染害虫和捕食者种群的死亡率，利用随机微分方程（SDEs）的比较定理证明了正解的存在性和唯一性，分析了系统的有界性和一致连续性，然后利用随机最大值原理得到生物平衡和最优收获策略。与许多方法不同，为了更形象地研究共存和排斥的条件，表明猎物可以在没有捕食者的情况下共存（正如预期的那样，因为猎物之间没有竞争），Djomegni 等人 [28] 提出了一种模型来理解食物链中的动态变化（一个捕食者两个猎物），考虑了两组猎物之间的互惠共生（用于防御捕食者）。结果证明模型中存在 Hopf 分岔和极限环行为，并给出了互惠共生和收获的分岔图。

为进一步探讨竞争率对所研究物种动态行为的影响，Souna 等人 [29] 考虑了一个受零通量边界条件约束的扩散捕食者 - 猎物模型，其中猎物种群表现出社会行为，捕食者种群的收获函数被假设为二次形式；建立了半平凡常平衡态的全局稳定性；关于非平凡平衡态，研究了局部稳定性、Hopf 分岔、扩散驱动不稳定性、Turing-Hopf 分岔；推导了依赖于系统参数的 Hopf 分岔的方向和稳定性，并显示了均匀和非均匀周期解的出现。Hu 和 Jang[30] 基于 Alves 和 Hilker 提出的一个确定性系统，推导了描述捕食者 - 猎物相互作用与捕食者合作狩猎的随机微分方程模型；确定在临界阈值以上，确定性模型有两个共存的稳态，捕食者可能会根据初始条件而持续存在；利用 Euler-Maruyama 近似，通过在捕食者密集合作的参数条件下提供捕食者灭绝的估计概率，对随机系统进行了数值研究。研究发现，捕食者在随机环境中可能会灭绝，而在确定性环境中则可以无限期生存。

随着解决实际问题的需要和理论研究的深入，捕食者 - 食饵模型吸引了越来越多研究者的关注，现实中不同种群之间既存在相似性也存在差异性，为了贴合实际情况，需要从不同角度来建立捕食者—食饵模型。首先，需要建立合适的功能反应函数，Lotka-Volterra 模型里的功能反应是关于食饵数量或密度的正比函数，即食饵密度越大，单位时间内每个捕食者捕获的部分就越多。这样的模型具有一定的合理性，但是没有考虑到捕食者的消化饱和度。之后的研究者们针对不同的种群特征提出了多种类型的功能反应函数。

8.2
问题模型的提出及初步研究

近年来，人类对生物资源的过度索取导致一些种群灭绝或濒临灭绝，为了实现生物资源的可持续发展，研究者们越来越关注种群系统中对单一种群或两种群的最优捕获策略。在捕食者 - 食饵系统中的捕获函数主要有三种类型：①常数收获，即捕获的生物量不依赖于该种群的大小；②比例收获，即 $H(x,E)=qEx$，其中 q 为捕获能力系数，E 为捕获个体的努力，可以看出比例收获函数中的捕获生物量与该种群数量成比例；③非线性收获，即 $H(x,E)=qEx/(aE+lE)$，其中 a、l 均为正常数。

先给出系统

$$\begin{cases} \dot{X} = \delta X\left(1-\dfrac{X}{K}\right) - \dfrac{\gamma\sqrt{X}Y}{1+T_h\gamma\sqrt{X}} \\[3mm] \dot{Y} = -\rho Y + \dfrac{a\gamma\sqrt{X}Y}{1+T_h\gamma\sqrt{X}} \end{cases} \tag{8.1}$$

这里，$X(0)=X_0>0$，$Y(0)=Y_0\geqslant 0$。式中，$X(T)$ 表示在时间 T 时的猎物种群密度；在没有捕食者的情况下，假设猎物种群具有内在增长率 δ 和环境承载能力 K；$Y(T)$ 代表只有食物来源 X 的捕食者的密度；γ 是捕食者对猎物的搜索效率；T_h 是每个猎物的平均处理时间；a 是猎物种群到捕食者种群的生物量转化率；ρ 是捕食者种群的自然死亡率。这里所有参数取值均为正。

为了简化计算，引入下列变换

$$x=\frac{X}{K}, \ y=\frac{\gamma Y}{\delta\sqrt{K}}, \ t=\delta T$$

系统 (8.1) 转化为

$$\begin{cases} \dot{x} = x(1-x) - \dfrac{\sqrt{x}\,y}{1+\alpha\sqrt{x}} \\ \dot{y} = -\mathrm{d}y + \dfrac{\beta\sqrt{x}\,y}{1+\alpha\sqrt{x}} \end{cases} \tag{8.2}$$

式中，$\alpha = T_h\gamma\sqrt{K}$；$\beta = \dfrac{a\gamma\sqrt{K}}{\delta}$。

经分析可以获得上述系统解的正则性和边界的相关定理如下。

定理 8.1　系统 (8.2) 从 $\mathbb{R}_+^2$ 出发的所有解都是一致有界的。

证明　记 (x, y) 为系统的任一解，由于

$$\dot{x} \geqslant x(1-x)$$

从而有

$$\limsup_{t\to\infty} x \leqslant 1$$

令

$$U = \beta x + y$$

有

$$\dot{U} \leqslant \beta x(1-x) - \theta y \leqslant \beta x(1+\theta) - \mathrm{d}U \leqslant \beta(1+\theta) - \mathrm{d}U$$

即

$$\dot{U} + \mathrm{d}U \leqslant \beta(1+\theta) = \xi$$

由微分方程不等式理论，可以得到

$$0 \leqslant U(x, y) \leqslant \frac{\xi}{\theta} + \frac{U\big[x(0), y(0)\big]}{\mathrm{e}^{\theta t}}$$

并且当 $t \to \infty$ 时，有 $0 \leqslant U \leqslant \dfrac{\xi}{\theta}$。

因此，系统 (8.2) 的所有解存在区域为

$$A = \left\{ (x, y): \ 0 \leqslant U(x, y) \leqslant \frac{\xi}{\theta} + \zeta, \ \zeta > 0 \right\}$$

定理 8.2　如果 $\theta > \dfrac{\beta}{\alpha}$，那么有 $\lim\limits_{t\to\infty} y(t) = 0$。

证明 由系统 (8.2) 满足的方程组关系式可得

$$\dot{y} \leqslant -dy + \frac{\beta\sqrt{x}y}{1+\alpha\sqrt{x}} \leqslant -dy + \frac{\beta y}{\alpha}\left(1 - \frac{1}{1+\alpha\sqrt{x}}\right) \leqslant -\left(\frac{\alpha\theta - \beta}{\alpha}\right)y$$

也就是 $y \leqslant y_0 \mathrm{e}^{-[(\alpha\theta-\beta)/\alpha]t}$ 成立。

然后，令 $\theta > \beta/\alpha$，有 $(\alpha\theta - \beta)/\alpha > 0$，从而可得 $\lim\limits_{t\to\infty} y(t) = 0$。

定理 8.3 系统 (8.2) 具有平凡平衡点 $Q_0(0, 0)$ 和轴向平衡点 $Q_1(1, 0)$，如果 $\theta < \beta/(1+\alpha)$，则系统具有内部平衡点 $Q^*(x^*, y^*)$。

这里

$$x^* = \frac{\theta^2}{(\beta - \alpha\theta)^2}, \quad y^* = \frac{\beta\theta\left[(\beta - \alpha\theta)^2 - \theta^2\right]}{(\beta - \alpha\theta)^4}$$

结合系统 (8.2) 的实际生物意义，将通过局部非线性分析来突出平方根项对生态系统的影响，以揭示其在原点附近的奇异动力学原理。当人口密度函数接近系统原点时，可以合理地假设 x 足够小，初始值 $x_0 = x(0)$ 接近原点，那么 x^2 或更高阶项会消失，$1 + \alpha\sqrt{x} \approx 1$，量值 $\beta\sqrt{xy}$ 对 y 来讲可以忽略不计。

在如上假设下，系统 (8.2) 可以改写为

$$\begin{cases} \dot{x} = x - y\sqrt{x} \\ \dot{y} = -\theta y \end{cases}$$

此时，如果猎物种群远小于捕食者种群，即 $x = o(y^\gamma)$，$\gamma \geqslant 2$，也就是猎物种群首先灭绝，捕食者种群也随之灭绝。若 $\gamma < 2$，则系统原点变为鞍点，即导致系统式 (8.2) 在原点附近是不稳定的。

系统 (8.2) 在轴向平衡点 $Q_1(1, 0)$ 处的变分矩阵为

$$\boldsymbol{M}(Q_1) = \begin{pmatrix} -1 & -\dfrac{1}{1+\alpha} \\ 0 & \dfrac{\beta}{1+\alpha} - \theta \end{pmatrix}$$

对应的特征向量为 $\lambda_1 = -1$，$\lambda_2 = -\left[\theta - \beta/(1+\alpha)\right]$，因此当 $\theta > \beta/(1+\alpha)$ 时，系统 (8.2) 在轴向平衡点 $Q_1(1, 0)$ 处是稳定的。这也说明，捕食者死亡率有一个阈值，超过这个阈值，捕食者种群就会灭绝。

考虑系统 (8.2) 在内部平衡点 $Q^*\left(x^*, y^*\right)$ 处的变分矩阵为

$$M\left(Q^*\right) = \begin{pmatrix} \dfrac{(\beta+\alpha\theta)(\beta-\alpha\theta)^2 - (\alpha\theta+3\beta)\theta^2}{2\beta(\beta-\alpha\theta)^2} & -\dfrac{\theta}{\beta} \\ \dfrac{(\beta-\alpha\theta)^2 - \theta^2}{2(\beta-\alpha\theta)} & 0 \end{pmatrix}$$

有如下定理。

定理 8.4 若 $(\alpha\theta+3\beta)\theta^2 - (\beta+\alpha\theta)(\beta-\alpha\theta)^2 > 0$，那么系统 (8.2) 的内部平衡点 $Q^*\left(x^*, y^*\right)$ 是渐近稳定的。

证明 系统 (8.2) 在内部平衡点 $Q^*\left(x^*, y^*\right)$ 处的特征方程为

$$\lambda^2 + P_1\lambda + P_2 = 0 \tag{8.3}$$

其中，

$$P_1 = \frac{(\alpha\theta+3\beta)\theta^2 - (\beta+\alpha\theta)(\beta-\alpha\theta)^2}{2\beta(\beta-\alpha\theta)^2}, \quad P_2 = \frac{\theta\left[(\beta-\alpha\theta)^2 - \theta^2\right]}{2\beta(\beta-\alpha\theta)}$$

由 $\theta < \beta/(1+\alpha)$ 可知 $P_2 > 0$，从而保证了 $Q^*\left(x^*, y^*\right)$ 的存在性。系统 (8.2) 在内部平衡点 $Q^*\left(x^*, y^*\right)$ 处的特征值为

$$\lambda_{1,2} = \frac{-P_1 \pm \sqrt{P_1^2 - 4P}}{2}$$

经分析易知特征值 $\lambda_{1,2}$ 是非负（或实部非负）的。

由于环境波动，出生、死亡等基本机制和因素会发生非确定性变化，因此通过适当的建模来研究环境噪声对生物系统的影响至关重要。接下来，添加噪声干扰项来探讨猎物的生长速度和捕食者的死亡率。系统 (8.2) 修改写为

$$\begin{cases} \dot{x} = x\left(1+\mu_1-x\right) - \dfrac{\sqrt{x}y}{1+\alpha\sqrt{x}} \\ \dot{y} = -\left(d+\mu_2\right)y + \dfrac{\beta\sqrt{x}y}{1+\alpha\sqrt{x}} \end{cases} \tag{8.4}$$

为了更好地确定系统 (8.4) 的平衡点，引入变换 $x = x^*e^{u_1}$，$y = y^*e^{u_2}$，忽略高阶项，假设 η_1、η_2 为独立高斯白噪声扰动项，得到如下非线性耦

合双变量 Langevin 方程

$$\begin{cases} \dot{u}_1 = a_{11}u_1 + a_{12}u_1^2 + a_{13}u_2 + a_{14}u_2^2 + a_{15}u_1u_2 + \eta_1 \\ \dot{u}_2 = a_{21}u_1 + a_{22}u_1^2 + a_{23}u_2 + a_{24}u_2^2 + a_{25}u_1u_2 + \eta_2 \end{cases} \tag{8.5}$$

其中，

$$a_{11} = \frac{(\beta + \alpha\theta)(\beta - \alpha\theta)^2 - (\alpha\theta + 3\beta)\theta^2}{2\beta(\beta - \alpha\theta)}$$

$$a_{12} = -\frac{\left(2\alpha^2\theta^2 + \alpha\beta\theta + \beta^2\right)(\beta - \alpha\theta)^4 - (\beta - \alpha\theta)^2 \beta^2\theta^2 + 4\beta^2\theta^2}{8\beta^2(\beta - \alpha\theta)^4}$$

$$a_{13} = -1 + \frac{\theta^2}{(\beta - \alpha\theta)^2}$$

$$a_{14} = -\frac{1}{2} + \frac{\theta^2}{2(\beta - \alpha\theta)^2}$$

$$a_{15} = \frac{(\beta + \alpha\theta)\left[(\beta - \alpha\theta)^2 - \theta^2\right]}{(\beta - \alpha\theta)^2}$$

$$a_{21} = \frac{\theta(\beta - \alpha\theta)}{2\beta}$$

$$a_{22} = \frac{(\beta - 2\alpha\theta)(\beta - \alpha\theta)}{8\beta^2}$$

$$a_{23} = a_{24} = a_{25} = 0$$

为了研究非线性随机微分方程的复杂性，一些研究人员和数学家已经推导出了不同的技术 [31, 32]。最常用的方法是将其线性化，从而可得系统 (8.5) 的线性化系统为

$$\begin{cases} \dot{u}_1 = b_{11}u_1 + b_{12}u_1^2 + \sigma_1 + \eta_1 \\ \dot{u}_2 = b_{21}u_1 + b_{22}u_1^2 + \sigma_2 + \eta_2 \end{cases} \tag{8.6}$$

误差系统为

$$\begin{cases} I_1 = a_{11}u_1 + a_{12}u_1^2 + a_{13}u_2 + a_{14}u_2^2 + a_{15}u_1u_2 - b_{11}u_1 - b_{12}u_1^2 - \sigma_1 \\ I_2 = a_{21}u_1 + a_{22}u_1^2 + a_{23}u_2 + a_{24}u_2^2 + a_{25}u_1u_2 - b_{21}u_1 - b_{22}u_1^2 - \sigma_2 \end{cases} \tag{8.7}$$

经过计算，得到以下二阶矩的简化方程

$$\begin{cases} \left\langle u_1^2 \right\rangle' = 2a_{11}\left\langle u_1^2 \right\rangle + 2a_{13}\left\langle u_1 u_2 \right\rangle \\ \left\langle u_2^2 \right\rangle' = 2a_{23}\left\langle u_2^2 \right\rangle + 2a_{21}\left\langle u_1 u_2 \right\rangle \\ \left\langle u_1 u_2 \right\rangle' = a_{21}\left\langle u_1^2 \right\rangle + a_{13}\left\langle u_2^2 \right\rangle + \left(a_{11}+a_{23}\right)\left\langle u_1 u_2 \right\rangle \end{cases} \tag{8.8}$$

式中，$\langle\cdot\rangle$ 表示总体平均值。

系统 (8.8) 的系数矩阵的特征方程为

$$A(Q_1) = \begin{vmatrix} 2a_{11}-\mu & 0 & 2a_{13} \\ 0 & 2a_{23}-\mu & 2a_{21} \\ a_{21} & a_{13} & a_{11}+a_{23}-\mu \end{vmatrix} = 0$$

即

$$\mu^3 + 3P_1\mu^2 + 3P_2\mu + P_3 = 0 \tag{8.9}$$

其中，

$$P_1 = -\left(a_{11}+a_{23}\right) = \frac{(\alpha\theta+3\beta)\theta^2 - (\beta+\alpha\theta)(\beta-\alpha\theta)^2}{2\beta(\beta-\alpha\theta)}$$

$$P_2 = \frac{2}{3}\left[\left(a_{11}+a_{23}\right)^2 + 2\left(a_{11}a_{23}-a_{21}a_{13}\right)\right]$$

$$= \frac{(\beta+\alpha\theta-\theta)(\beta-\alpha\theta)^2 - (\alpha\theta+3\beta-2\theta)\theta^2}{3\beta(\beta-\alpha\theta)}$$

$$P_3 = -4\left(a_{11}+a_{23}\right)\left(a_{11}a_{23}-a_{21}a_{13}\right)$$

$$= \frac{\theta\left[\theta^2-(\beta-\alpha\theta)^2\right]\left[(\beta+\alpha\theta)(\beta-\alpha\theta)^2-\theta^2(\alpha\theta+3\beta)\right]}{\beta^2(\beta-\alpha\theta)^2}$$

令 $\mu = \nu - P_1$，方程 (8.9) 可以转化为

$$\nu^3 + 3A\nu + B = 0 \tag{8.10}$$

这里

$$A = P_2 - P_1^2$$

$$= \frac{(\beta + \alpha\theta)(\beta - \alpha\theta)^2 - \theta^2(\alpha\theta + 3\beta)^2 - 8\beta\theta(\beta - \alpha\theta)(\beta - \alpha\theta)^2 - \theta^2}{12\beta^2(\beta - \alpha\theta)^2}$$

$$B = 2P_1^2 - 3P_1P_2 + P_3 = 0$$

对应系统 (8.8) 有如下结论：

（1）当 $A < 0$ 时，方程 (8.10) 有解 $v_1 = 0$，$v_{2,3} = \pm\sqrt{-3A}$，从而方程 (8.9) 有解 $\mu_1 = -P_1$，$\mu_{2,3} = -P_1 \pm \sqrt{-3A}$，这里 μ_1、μ_2、μ_3 均为实解，并且当 $P_1 > \sqrt{-3A} > 0$ 时取值为负。因此当 $P_1 > 0$、$P_1 > \sqrt{-3A}$ 时系统是稳定的。

（2）当 $A > 0$ 时，方程 (8.10) 有解 $v_1 = 0$，$v_{2,3} = \pm i\sqrt{3A}$，从而方程 (8.9) 有解 $\mu_1 = -P_1$，$\mu_{2,3} = -P_1 \pm i\sqrt{A}$，当且仅当 $P_1 > 0$ 时 μ_1、μ_2、μ_3 具有负实部。因此当 $P_1 > 0$ 时系统在随机环境中是稳定的。

在自然界中，许多食饵种群会聚集在一起共同抵御捕食者，在这样的机制下，虽然食饵群体的外围个体很容易受到捕食者的攻击，但是这样的群体防御会对整个食饵群体有益。一般的功能反应函数不适合描述这种食饵群体防御策略，基于上述模型的研究成果，继续做了新的研究。接下来研究的模型是在具有平方根功能反应函数的捕食者 - 食饵系统的基础上，讨论人类成比例捕获食饵群体的行为对该种群系统的影响，模型的形式如下

$$\begin{cases} \dfrac{dx}{dt} = rx\left(1 - \dfrac{x}{K}\right) - \dfrac{\alpha\sqrt{x}\,y}{1 + t_h\alpha\sqrt{x}} - qEx \\[3mm] \dfrac{dy}{dt} = -\beta y + \dfrac{c\alpha\sqrt{x}\,y}{1 + t_h\alpha\sqrt{x}} \end{cases} \qquad (8.11)$$

8.3
解的非负性和一致有界性

可以通过对系统中的变量和参数进行如下缩放，来简化系统 (8.11)

$$\bar{x} = \frac{x}{K}, \ \bar{y} = \frac{\alpha y}{r\sqrt{K}}, \ \bar{t} = rt, \ a = t_h\alpha\sqrt{K}, \ b = \frac{c\alpha\sqrt{K}}{r}, \ d = \frac{\beta}{r}, \ h = \frac{qE}{r}$$

通过变量换算，系统 (8.11) 改写成

$$\begin{cases} \dfrac{\mathrm{d}\overline{x}}{\mathrm{d}\overline{t}} = \overline{x}\left(1-\overline{x}\right) - \dfrac{\sqrt{\overline{x}}\,\overline{y}}{1+a\sqrt{\overline{x}}} - h\overline{x} \\[3mm] \dfrac{\mathrm{d}\overline{y}}{\mathrm{d}\overline{t}} = -\mathrm{d}\overline{y} + \dfrac{b\sqrt{\overline{x}}\,\overline{y}}{1+a\sqrt{\overline{x}}} \end{cases} \tag{8.12}$$

下面，用 x 和 y 代替 $\overline{x}$ 和 $\overline{y}$ 来表示系统中的变量，那么系统 (8.12) 可转化为

$$\begin{cases} \dfrac{\mathrm{d}x}{\mathrm{d}t} = x\left(1-x\right) - \dfrac{\sqrt{x}\,y}{1+a\sqrt{x}} - hx \\[3mm] \dfrac{\mathrm{d}y}{\mathrm{d}t} = -\mathrm{d}y + \dfrac{b\sqrt{x}\,y}{1+a\sqrt{x}} \end{cases} \tag{8.13}$$

为了保证系统更好地刻画实际状态下的生物意义，系统解的初值应满足 $x_0 \geqslant 0$，$y_0 \geqslant 0$。显然，对于系统 (8.13)，$x=0$ 和 $y=0$ 是不变集，所以有正初始值的解会保持在 x-y 的第一象限中，于是有如下定理。

定理 8.5 系统 (8.13) 的任一具有非负初始值的解是一致有界的。

证明 定义函数

$$W = x + \frac{1}{b}y$$

等式两边同时对时间 t 求导得到

$$\frac{\mathrm{d}W}{\mathrm{d}t} = \frac{\mathrm{d}x}{\mathrm{d}t} + \frac{1}{b}\frac{\mathrm{d}y}{\mathrm{d}t} = x\left(1-h-x\right) - \frac{\mathrm{d}}{b}y$$

令 $\xi = \min\{1,d\}$，有

$$0 \leqslant W\left(x,y\right) \leqslant \frac{\left(2-h\right)^2}{4\xi}\left(1-\mathrm{e}^{-\xi t}\right) + W\left[x(0),y(0)\right]\mathrm{e}^{-\xi t}$$

$$\frac{\mathrm{d}W}{\mathrm{d}t} + \xi W = \left(2-h\right)x - \left(1-\xi\right)x - x^2 - \frac{1}{b}\left(d-\xi\right)y$$

$$\leqslant \left(2-h\right)x - x^2$$

$$\leqslant \frac{\left(2-h\right)^2}{4}$$

应用微分方程不等式理论，有

$$0 \leqslant W(x,y) \leqslant \frac{(2-h)^2}{4\xi}\left(1-\mathrm{e}^{-\xi t}\right) + W\left[x(0),y(0)\right]\mathrm{e}^{-\xi t}$$

易知，当 $t \to \infty$ 时，有 $0 \leqslant W(x,y) \leqslant \dfrac{(2-h)^2}{4\xi}$ 成立，这就表明系统所有具有非负初值的解是一致有界的。

8.4
平衡点的存在性和稳定性

考虑系统的食饵等倾线和捕食者等倾线

$$\begin{cases} x(1-x) - \dfrac{\sqrt{x}y}{1+a\sqrt{x}} - hx = 0 \\ -\mathrm{d}y + \dfrac{b\sqrt{x}y}{1+a\sqrt{x}} = 0 \end{cases} \tag{8.14}$$

微分方程组 (8.14) 的解就是平衡点，因此有以下定理。

定理 8.6 系统 (8.13) 的平衡点的存在情形如下：

（1）平凡平衡点 $E_0 = (0,0)$ 始终存在。

（2）轴向平衡点 $E_1 = (1-h,0)$ 的存在条件为 $0 < h < 1$。

（3）当参数满足 $b-ad > 0$、$h < 1 - \dfrac{d^2}{(b-ad)^2}$ 的条件时，存在唯一的内部平衡点 $E^* = (x^*,y^*)$，其中 $x^* = \left(\dfrac{d}{b-ad}\right)^2$，$y^* = \dfrac{bd\left[(1-h)(b-ad)^2 - d^2\right]}{(b-ad)^4}$。

易知，原点 $E_0 = (0,0)$ 是系统 (8.13) 的平衡点。当方程组 (8.14) 里的 $y = 0$ 时，可以得到 $x(1-h-x) = 0$。该方程有一个非零根 $x_1 = 1-h$。所以轴向平衡点 $E_1 = (1-h,0)$ 的存在条件为 $0 < h < 1$。通过 (x^*,y^*) 的表达式可以看出内部平衡点存在的充分条件是 $(1-h)(b-ad)^2 > d^2$ 和 $b-ad > 0$。

接下来，分析系统 (8.13) 平衡点的稳定性，该系统在平凡平衡点

$E_0 = (0, 0)$ 处的 Jacobian 矩阵为

$$J(E_0) = \begin{pmatrix} 1-h-e & 0 \\ be & -d \end{pmatrix}$$

式中，$e = \dfrac{y}{2\sqrt{x}}$，但是此时 e 在原点处的值是不确定的。这里使用 Braza 提出的方法，可以得到当 $0 < h < 1$ 时，如果 $x = O(y_0^\alpha)$，$0 < \alpha < 2$，那么平凡平衡点 $E_0 = (0, 0)$ 是不稳定的；如果 $x = O(y_0^\alpha)$，$\alpha > 2$，那么平凡平衡点 $E_0 = (0, 0)$ 是稳定的。

定理 8.7 轴向平衡点 $E_1 = (1-h, 0)$ 存在的情况下，若参数满足条件 $h < 1 - \dfrac{d^2}{(b-ad)^2}$，那么平衡点 E_1 是一个鞍点；若参数满足条件 $h > 1 - \dfrac{d^2}{(b-ad)^2}$，则平衡点 E_1 是一个稳定结点。

证明 系统 (8.13) 在轴向平衡点 $E_1 = (1-h, 0)$ 处的 Jacobian 矩阵为

$$J(E_1) = \begin{pmatrix} h-1 & -\dfrac{\sqrt{1-h}}{1+a\sqrt{1-h}} \\ 0 & -d + \dfrac{b\sqrt{1-h}}{1+a\sqrt{1-h}} \end{pmatrix}$$

Jacobian 矩阵 $J(E_1)$ 的特征值为

$$\lambda_1 = h-1, \quad \lambda_2 = \frac{\sqrt{1-h}(b-ad)-d}{1+a\sqrt{1-h}}$$

由非线性系统稳定性理论可知，在平衡点 E_1 存在的情况下，有 $\lambda_1 = h-1 < 0$，若此时满足 $1 - \dfrac{d^2}{(b-ad)^2} < h < 1$，即 $\lambda_2 < 0$，那么 E_1 是稳定结点；若满足 $0 < h < 1 - \dfrac{d^2}{(b-ad)^2}$，即 $\lambda_2 > 0$，那么 E_1 是一个鞍点；如果 $h = 1 - \dfrac{d^2}{(b-ad)^2}$ 成立，即 $\lambda_2 = 0$，那么 E_1 是一个退化的平衡点。

定理 8.8 若系统 (8.13) 存在内部平衡点 $E^* = (x^*, y^*)$，那么当 $h = h^*$ 时，平衡点 E^* 是一个中心；当 $h < h^*$ 时，平衡点 E^* 是一个源；当 $h^* < h < 1 - h_1^2$ 时，平衡点 E^* 是一个汇。这里，$h_1 = \dfrac{d}{b-ad}$，$h^* = 1 - h_1^2 - \dfrac{2bh_1^2}{b+ad}$。

证明 系统 (8.13) 在内部平衡点 $E^* = \left(x^*, y^* \right)$ 处的 Jacobian 矩阵为

$$J\left(E^* \right) = \begin{pmatrix} \dfrac{(b+ad)\left[(1-h)(b-ad)^2 - d^2 \right] - 2bd^2}{2b(b-ad)^2} & -\dfrac{d}{b} \\[4mm] \dfrac{(1-h)(b-ad)^2 - d^2}{2(b-ad)} & 0 \end{pmatrix}$$

易知

$$\mathrm{Det}\left[J\left(E^* \right) \right] = \frac{d(b-ad)}{2b}\left(1 - h - h_1^2 \right)$$

$$\mathrm{Trace}\left[J\left(E^* \right) \right] = \frac{b+ad}{2b}\left(1 - h - h_1^2 - \frac{2bh_1^2}{b+ad} \right)$$

由于 $E^* = \left(x^*, y^* \right)$ 的存在性，可以得到 $\mathrm{Det}\left[J\left(E^* \right) \right] > 0$。因此当 $\mathrm{Trace}\left[J\left(E^* \right) \right] > 0$ 时，E^* 是一个源；当 $\mathrm{Trace}\left[J\left(E^* \right) \right] < 0$ 时，E^* 是一个汇；当 $\mathrm{Trace}\left[J\left(E^* \right) \right] = 0$ 时，E^* 是一个中心。

8.5
Hopf 分岔的方向和稳定性

从定理 8.6 和定理 8.8 可以看出，系统 (8.13) 可能会出现 Hopf 分岔，本节重点讨论系统发生 Hopf 分岔的条件以及 Hopf 分岔的方向和稳定性，分析 Hopf 分岔经常使用规范形理论，通过第一 Lyapunov 系数来判断 Hopf 分岔的方向和稳定性。

选取 h 作为分岔参数，运用规范形理论分析系统 (8.13) 的 Hopf 分岔，首先需要判断是否满足横截性条件。

首先容易验证

$$\frac{\mathrm{d}}{\mathrm{d}h}\mathrm{Trace}\left[J\left(E^* \right) \right] = -\frac{b+ad}{2b} \neq 0$$

因此当 $h = h^*$ 时，系统在点 E^* 附近会出现 Hopf 分岔。

接下来，计算第一 Lyapunov 系数。引入变量变换 $\left(\hat{x}, \hat{y} \right) = \left(x - x^*, y - y^* \right)$

将平衡点 E^* 移到原点处，固定参数 $h = h^*$，并进行 Taylor 展开，系统 (8.13) 可以改写为

$$\begin{cases} \dfrac{\mathrm{d}\hat{x}}{\mathrm{d}t} = a_{10}\hat{x} + a_{01}\hat{y} + a_{11}\hat{x}\hat{y} + a_{20}\hat{x}^2 + a_{02}\hat{y}^2 + a_{21}\hat{x}^2\hat{y} + a_{12}\hat{x}\hat{y}^2 + a_{30}\hat{x}^3 + a_{03}\hat{y}^3 + P(\hat{x}, \hat{y}) \\ \dfrac{\mathrm{d}\hat{y}}{\mathrm{d}t} = b_{10}\hat{x} + b_{01}\hat{y} + b_{11}\hat{x}\hat{y} + b_{20}\hat{x}^2 + b_{02}\hat{y}^2 + b_{21}\hat{x}^2\hat{y} + b_{12}\hat{x}\hat{y}^2 + b_{30}\hat{x}^3 + b_{03}\hat{y}^3 + Q(\hat{x}, \hat{y}) \end{cases}$$

式中，$P(\hat{x}, \hat{y}) = \sum\limits_{i+j=4}^{\infty} a_{ij}\hat{x}^i\hat{y}^j$ 和 $Q(\hat{x}, \hat{y}) = \sum\limits_{i+j=4}^{\infty} b_{ij}\hat{x}^i\hat{y}^j$ 是关于 $(\hat{x}, \hat{y})$ 的幂级数，然后可以得到以下关系式

$$a_{01} = -\frac{d}{b} \qquad a_{20} = -1 + \frac{\left(1 + 3a\sqrt{x^*}\right)y^*}{8x^*\sqrt{x^*}\left(1 + a\sqrt{x^*}\right)^3}$$

$$a_{10} = a_{02} = a_{12} = a_{03} = 0 \qquad a_{11} = -\frac{1}{2\sqrt{x^*}\left(1 + a\sqrt{x^*}\right)^2}$$

$$a_{21} = \frac{1 + 3a\sqrt{x^*}}{8x^*\sqrt{x^*}\left(1 + a\sqrt{x^*}\right)^3} \qquad a_{30} = -\frac{\left(\sqrt{x^*} + 4ax^* + 5a^2x^*\sqrt{x^*}\right)y^*}{16x^{*3}\left(1 + a\sqrt{x^*}\right)^4}$$

$$b_{10} = \frac{by^*}{2\sqrt{x^*}\left(1 + a\sqrt{x^*}\right)^2} \qquad b_{11} = \frac{b}{2\sqrt{x^*}\left(1 + a\sqrt{x^*}\right)^2}$$

$$b_{20} = -\frac{\left(1 + 3a\sqrt{x^*}\right)by^*}{8x^*\sqrt{x^*}\left(1 + a\sqrt{x^*}\right)^3} \qquad b_{01} = b_{02} = b_{12} = b_{03} = 0$$

$$b_{21} = -\frac{b\left(1 + 3a\sqrt{x^*}\right)}{8x^*\sqrt{x^*}\left(1 + a\sqrt{x^*}\right)^3} \qquad b_{30} = \frac{b\left(\sqrt{x^*} + 4ax^* + 5a^2x^*\sqrt{x^*}\right)y^*}{16x^*\sqrt{x^*}\left(1 + a\sqrt{x^*}\right)^4}$$

此时，第一 Lyapunov 系数为

$$l_1 = \frac{-3\pi}{2a_{01}\Delta^{\frac{3}{2}}}\left\{\left[a_{10}b_{10}\left(a_{11}^2 + a_{11}b_{11}\right) + a_{10}a_{01}\left(b_{11}^2 + a_{20}b_{11} + a_{11}b_{02}\right)\right.\right.$$

$$+b_{10}^2\left(a_{11}a_{02}+2a_{02}b_{02}\right)-2a_{10}b_{10}\left(b_{02}^2-a_{20}a_{02}\right)-2a_{10}a_{01}\left(a_{20}^2-b_{20}b_{02}\right)$$

$$-a_{01}^2\left(2a_{20}b_{20}+b_{11}b_{20}\right)+\left(a_{01}b_{10}-2a_{10}^2\right)\left(b_{11}b_{02}-a_{11}a_{20}\right)\Big]$$

$$\times\left(a_{10}^2+a_{01}b_{10}\right)\Big[3\left(b_{10}b_{03}-a_{01}a_{30}\right)+2a_{10}\left(a_{21}+b_{12}\right)+\left(b_{10}a_{12}-a_{01}b_{21}\right)\Big]\Big\}$$

$$=\frac{-3\pi}{2a_{01}\Delta^{\frac{3}{2}}}M$$

其中，

$$\Delta=a_{10}b_{01}-a_{01}b_{10}=\frac{dy^*}{2\sqrt{x^*}\left(1+a\sqrt{x^*}\right)^2}>0$$

$$M=\frac{-3a_{01}^2bd^3y^*}{32b^6x^{*6}}\left(8ab^3x^{*3}\sqrt{x^*}+3ad^3\sqrt{x^*}y^*+2a^2d^3x^*y^*+d^3y^*\right)<0$$

显然，由 $\Delta>0$、$M<0$ 和 $a_{01}<0$ 可知第一 Lyapunov 系数 $l_1<0$，因此，Hopf 分岔是超临界的，从内部平衡点 E^* 分岔出的极限环是稳定的。

8.6
数值模拟

本节给出系统 (8.13) 的具体参数取值，运用 MATLAB 软件进行数值模拟，验证理论分析的有效性。

（1）选取 $a=0.2$, $b=0.29$, $h=0.36$。

当 $d=0.3$，并且满足 $\sqrt{1-h}\left(b-ad\right)<d$ 时，轴向平衡点 $E_1=\left(0.64,0\right)$ 是一个稳定结点，系统在点 E_1 附近轨迹如图 8.1(a) 所示。

当 $d=0.15$，并且满足 $\sqrt{1-h}\left(b-ad\right)>d$ 时，轴向平衡点 $E_1=\left(0.64,0\right)$ 是一个鞍点，系统在点 E_1 附近轨迹如图 8.1(b) 所示。

（2）选取 $a=0.25$, $b=0.45$, $d=0.2$，可以确定此时系统式 (8.13) 分

岔参数的临界值为 $h^* = 0.3$。

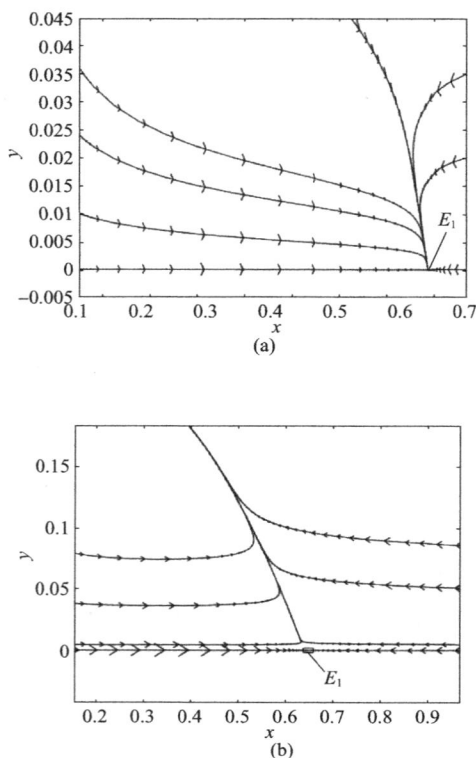

图 8.1　当 a=0.2、b=0.29、h=0.36 时系统 (8.13) 的相轨迹
(a) $d = 0.3$；(b) $d = 0.15$

当 $h = 0.2 < h^*$ 时，内部平衡点 $E^* = (0.25, 0.309375)$ 是一个源，系统在点 E^* 附近轨迹如图 8.2(a) 所示。

当 $h = 0.4 > h^*$ 时，$E^* = (0.25, 0.196875)$ 是系统式 (8.13) 的一个汇，系统此时的运动轨迹如图 8.2(b) 所示。

当 $h = 0.3 = h^*$ 时，$E^* = (0.25, 0.253125)$ 是系统式 (8.13) 的一个中心，通过计算第一 Lyapunov 系数，可以得到 $l_1 < 0$，这说明系统此时会发生超临界的 Hopf 分岔，并且能够分岔出一个稳定极限环，动力学响应如图 8.2(c) 所示。

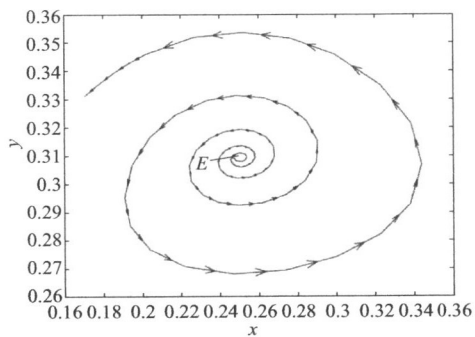

(a)

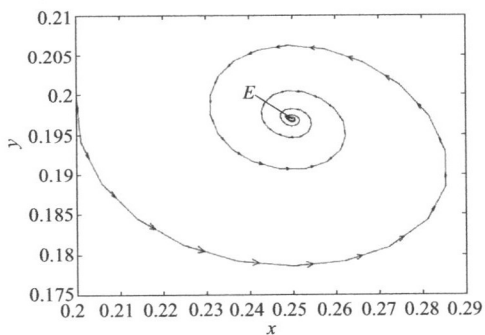

(b)

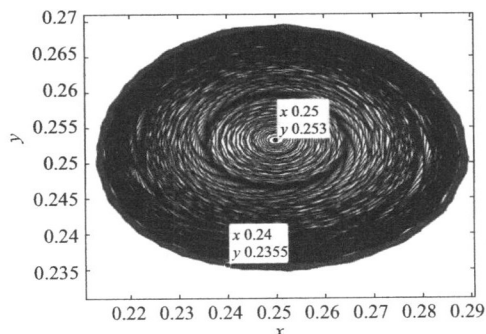

(c)

图 8.2　当 *a*=0.25、*b*=0.45、*d*=0.2 时系统 (8.13) 的相轨迹

(a) $h = 0.2$；(b) $h = 0.4$；(c) $h = 0.3$

8.7
本章小结

非线性动力系统的分岔问题包含十分丰富的内容，有着深刻的应用背景。随着生态学理论研究的深入，建立种群动力学模型时考虑到的因素越来越多，比如涉及人为干扰时，就需要在模型中加入捕获效应；而当研究种群动力学模型、传染病模型、生化反应模型、神经网络模型等微分系统时，为了更好地贴合实际，需要考虑时滞、扩散、自由边界以及脉冲对微分系统动力学行为的影响。这种与实际问题相结合的种群动力学模型对于生物资源管理、病虫害控制等领域的研究具有重要的意义。

本章建立了一个具有群体防御和比例收获效应的捕食 - 食饵模型，用数学方法分析该生物模型在保证种群可持续发展的前提下，如何追求收获效益的最大化：运用微分方程不等式理论得出系统具有正初值的解是一致有界的，通过观察捕食者等倾线和食饵等倾线的交点找到系统的平衡点，基于 Lyapunov 稳定性理论分析了平衡点的局部稳定性；通过选择比例收获作为分岔参数，利用微分动力系统的分岔理论证明了系统存在 Hopf 分岔，并给出 Hopf 分岔的方向以及分岔极限环的稳定性，这些分岔行为对于生态学具有重要意义。

本章作为实例研究的系统是一种结合平方根功能响应和成比例捕获食饵的捕食者 - 食饵系统。结果表明，有比例收获的模型比没有收获的模型有更加丰富的动力学行为，包括平衡点的存在性和稳定性以及 Hopf 分岔的类型。通过对内部平衡点 E^* 稳定性的研究，发现如果转化率 $b > ad$ 和收获率满足 $h > h^*$ 和 $h < 1 - h_1^2$，两个种群可以持续共存。本章还通过数值模拟验证了理论分析的正确性，结果发现，上述系统具有以收获率 h 为分岔参数的 Hopf 分岔现象，该 Hopf 分岔的方向是超临界的。

参考文献

[1] Lotka A J. Elements of physical biology. Williams & Wilkins, 1925.

[2] Volterra V. Fluctuations in the abundance of a species considered mathematically. Nature, 1926, 118 (2972): 558-560.

[3] Beddington J R. Mutual interference between parasites or predators and its effect on searching efficiency, Journal of Animal Ecology, 1975, 44 (1): 331-340.

[4] Freedman H I. A model of predator prey dynamics as modified by the action of a parasite. Mathematical Biosciences, 1990, 99 (2): 143-155.

[5] Gakkhar S, Naji R K. Existence of chaos in two-prey, one-predator system. Chaos Solitons & Fractals, 2003, 17 (4): 639-649.

[6] Javidi M, Nyamoradi N. Dynamic analysis of a fractional order prey-predator interaction with harvesting. Applied Mathematical Modelling, 2013, 37 (20-21): 8946-8956.

[7] Anitha K, Srinivas M N, Madhusudanan V. Stochastic and delay analysis of two preys and one predator ecological system with competition among preys and self interaction. Dynamic Systems and Applications, 2018, 27 (2): 201-224.

[8] Guin L N, Acharya S. Dynamic behaviour of a reaction-diffusion predator-prey model with both refuge and harvesting. Nonlinear Dynamics, 2017, 88 (2): 1501-1533.

[9] Thirthar A A, Majeed S J, Alqudah M A, et al. Fear effect in a predator-prey model with additional food, prey refuge and harvesting on super predator. Chaos, Solitons & Fractals, 2022(159): 112091.

[10] Mortuja M G, Chaube M K, Kumar S. Dynamic analysis of a predator-prey system with nonlinear prey harvesting and square root functional response. Chaos, Solitons & Fractals, 2021(148): 111071.

[11] Zhang L, Wang T. Qualitative properties, bifurcations and chaos of a discrete predator-prey system with weak Allee effect on the predator. Chaos, Solitons & Fractals, 2023(175): 113995.

[12] Geng D, Jiang W, Lou Y, et al. Spatiotemporal patterns in a diffusive predator-prey system with nonlocal intraspecific prey competition. Studies in Applied Mathematics, 2022, 148 (1): 396-432.

[13] Greenhalgh D, Khan Q J A, Pettigrew J S. An eco-epidemiological predator-prey model where predators distinguish between susceptible and infected prey. Mathematical Methods In The Applied Science, 2017, 40 (1): 146-166.

[14] Liang Z, Meng X. Stability and Hopf bifurcation of a multiple delayed predator-prey system with fear effect, prey refuge and Crowley-Martin function. Chaos, Solitons & Fractals, 2023(175): 113955.

[15] Qi H, Meng X. Threshold behavior of a stochastic predator-prey system with prey refuge and fear effect. Applied Mathematics Letters, 2021(113): 106846.

[16] Ducrot A, Giletti T, Guo J S, et al. Asymptotic spreading speeds for a predator-prey system with two predators and one prey. Nonlinearity, 2021, 34(2): 669.

[17] Ajraldi V, Pittavino M, Venturino E. Modeling herd behavior in population systems. Nonlinear Analysis-Real World Applications, 2011, 12 (4): 2319-2338.

[18] Kumar S, Kharbanda H. Chaotic behavior of predator-prey model with group defense and non-linear harvesting in prey. Chaos Solitons & Fractals, 2019(119): 19-28.

[19] Ali N, Chakravarty S. Stability analysis of a food chain model consisting of two

competitive preys and one predator. Nonlinear Dynamics, 2015, 82 (3): 1303-1316.

[20] Ali N, Haque M, Venturino E, et al. Dynamics of a three species ratio-dependent food chain model with intra-specific competition within the top predator. Computers In Biology and Medicine, 2017(85): 63-74.

[21] Kar T K. Stability analysis of a prey-predator model with delay and harvesting. Journal of Biological Systems, 2004, 12 (1): 61-71.

[22] Srinivasu P D N, Ismail S. Global dynamics and controllability of a harvested prey-predator system. Journal of Biological Systems, 2001, 9 (1): 67-79.

[23] El-Gohary A, Al-Ruzaiza A S. Chaos and adaptive control in two prey, one predator system with nonlinear feedback. Chaos Solitons & Fractals, 2007, 34 (2): 443-453.

[24] Ghosh U, Majumdar P, Ghosh J K. Bifurcation analysis of a two-dimensional predator-prey model with holling type IV functional response and nonlinear predator harvesting. Journal of Biological Systems, 2020, 28 (4): 839-864.

[25] Han R J, Dai B X. Spatiotemporal pattern formation and selection induced by nonlinear cross-diffusion in a toxic-phytoplankton-zooplankton model with Allee effect. Nonlinear Analysis-Real World Applications, 2019(45): 822-853.

[26] Chattopadhyay J, Pal S, El Abdllaoui A. Classical predator-prey system with infection of prey population-a mathematical model. Mathematical Methods In The Applied Sciences, 2003, 26 (14) : 1211-1222.

[27] Das S, Chattopadhyay J, Mahato S K, et al. Extinction and persistence of a harvested prey-predator model incorporating group defence and disease in prey: Special emphasis on stochastic environment. Journal of Biological Systems, 2022, 30 (2): 423-457.

[28] Djomegni P M T, Goufo E F D, Sahu S K, et al. Coexistence and harvesting control policy in a food chain model with mutual defense of prey. Natural Resource Modeling, 2019, 32 (4): e12230.

[29] Souna F, Lakmeche A, Djilali S. Spatiotemporal patterns in a diffusive predator-prey model with protection zone and predator harvesting. Chaos Solitons & Fractals, 2020(140): 110180.

[30] Hu X C A, Jang S R J. Stochasticity and cooperative hunting in predator-prey interactions. Journal of Biological Systems, 2021, 29 (2): 525-541.

[31] Stutzer M J. Chaotic dynamics and bifurcation in a macro model. Journal of Economic Dynamics and Control, 1980(2): 353-376.

[32] Kengne L K, Tagne H T K, Pone J R M, et al. Dynamics, control and symmetry-breaking aspects of a new chaotic Jerk system and its circuit implementation. The European Physical Journal Plus, 2020, 135(3): 340.